U0067371

數學教育的藝術與實務
另類教與學

黃敏晃 主編

．林文生 　．鄔瑞香 　著

獎狀

臺灣省獎勵教育人員研究

著作 國小 組 著作 類

徵文評列 特優 獎

特頒獎狀以資鼓勵

林文生
郎瑞香　參加八十八年度

臺灣省政府教育廳

代理廳長 王宮田

中華民國　　　三 日

序～從教室出發的教育改革

教育改革的希望在教師。再高的教育理想，再好的教學設備，如果沒有最好的教師從事教學，則教育改革的爭論，都只是教室外所進行的辯論比賽，對教室當中師生的教與學，助益不大。

因此，教育改革要有成效，必須從教室出發，從教師開始，這正是「教師即研究者」的真義。搭乘著這一次教育改革的風帆，許多在現場從事教育工作的伙伴，他（她）們將理論轉化為行動，再從教室的現場回饋過來，檢驗教育的理論。

林文生校長與鄔瑞香主任，就是「教師即研究者」的典範。

林校長在傳統的教室當中，觀察教師所進行的教學，發現數學的許多問題，而這些問題，卻在保守的校園文化覆蓋下，形成潛在課程。林校長也在鄔瑞香主任的教室裏，進行許多次的觀察及訪談。在鄔主任的教室，他看到數學教育另類的教與學。

鄔主任的數學教室，顛覆了教室當中老師講、學生聽，老師教、學生學的傳統。她把教室開放出來，讓學生自己討論，讓學生主動建構知識。鄔老師先解構自己根深柢固的習慣，也解構了嚴肅、呆板、一致性的教室文化。然後重新再建立一個「在熱鬧的情境當中進行有意義的對話」的教室文化。

林校長和鄔主任的一小步，是教育改革的一大步。因為他（她）們的現場，為知識建構論提供了一個非常有說服力的證

據;他（她）們同時也證明了學生具有主動建構知識的能力。

鄔主任的成長與蛻變,也是許多現場教師參考及借鏡的對象。透過她的自剖及林校長的詮釋。從微觀的角度出發,共同建構一張另類教學的網絡。對於一些教育界的新鮮人,或是有心進行自我成長與蛻變的資深教師,這本書是一面最好的鏡子。

這本書除了詳細描述鄔主任蛻變與成長的歷程之外,林校長也從「詮釋學」的角度,對於師生的互動、教師佈題、同儕解題、同儕互動等等課題,不斷地解剖再解剖。希望能夠尋找到重新建構教室文化的「槓桿」,讓讀者能夠更輕易地掌握到啟動教室文化的關鍵性技術,讓每位讀者都能夠有能力解構自己教室的文化,並重新建構新的教室文化。

沈 用 乞
於國立台北師範學院
民國八十七年七月

自序～爲老師的教學開啓另一扇窗

　　傳統的數學教育，老師經常將最好的解題模式教給學生。所以筆者在傳統的教室看到老師教學的刻板化，學生解題模式的單一化以及學習方式的機械化。學生將數學公式當成語文知識來背誦，他們靠死背強記來獲得高分。學生學習數學的策略是記憶，而非理解。

　　建構主義的想法，爲數學科的教學開啓了另一扇窗。

　　筆者到許多學校進行訪視的時候，發現許多優秀的老師，他們非常認同知識建構論的想法，也贊同開放教室的情境，讓兒童討論、主動建構知識。但是，有些教師卻很難掌握到「兒童主動建構知識」的精神。

　　有些人會不清楚，讓兒童主動建構知識，老師應該扮演什麼角色？做什麼準備？什麼時間該介入？什麼時間該放手？如何啓動學生討論及主動學習的動機？這是一般教師的問題，也是一般家長的問題。

　　「另類教與學」是爲了協助教師和家長，解決上述問題而撰寫的一本書。書中的內容係以知識建構論的想法爲主軸，融合了教育的理論與現場的教學實務，逐層地剖析傳統教師如何成長與蛻變，以及如何自我解構與重新再建構。

　　其中對於一位新老師接任一個新班級，如何去建構師生之間心靈的契約，有詳細的描述，並且對於教師佈題的技巧，有深入

的探討。

這本書需要配合現場教學的情境來閱讀。筆者希望閱讀這本書的老師或家長，能夠運用這本書的資訊，和學生的學習狀態相互對照。當您讀完這本書之後，可以實際設計一個數學題目，讓您的學生或您的孩子進行解題的活動。

看看經過設計的數學問題，是否更容易引發學生的解題興趣。當您的寶貝完成了解題的工作之後，請他將他的想法說一遍。而您的工作只要提出適當的問題，並且給予孩子多一點正面的鼓勵與回饋。

試試看孩子的學習興趣是否有所不同？您們師生（或親子）之間的關係是否改變了？如果是，那您已經掌握了知識建構論的大部份的精神。您不但為孩子的學習開闢了另一條路徑，同時，也為自己的教學開啓了另一扇窗。

林文生

八十七年十二月

於瑞柑國小

自序～留一條思考的路

記憶中學數學，就是做很多計算題和應用題，只要把老師出的功課和參考書上的習題做熟，就表示數學已經學會了。

從未想過，數學是什麼？為什麼要學數學？學數學有什麼用？若真要追問答案，大概是為了升學考試吧！

有一天，自己也當了老師後，忽然發現，有很多小孩逃避數學，訪問大人後，才知道甚至有許多大人常在睡夢中被聯考的惡夢驚醒，因為數學卷子一題也不會；而我的學生變成大人後也告訴我，在她（他）的求學生涯中，數學是他（她）們的最怕，因為這門科目從未懂過。

如此震撼的控訴，我焉能置之度外？

一再的反思自省，終於發現，我是多麼地不了解小孩的思考運作，而數學的內涵就是思考，不給小孩思考的機會，就無法真正體會數學的威力。

「如何培養小孩思考數學問題，進而喜歡學習數學，甚至用數學的語言與人溝通、表達自己的想法」變成了我日夜思索的問題，後來覺得光想不試反正也得不到答案，不如去做做看。經過十幾年的臨床教學實驗，從探索嘗試的階段到學習模式的建立，有一些教學心得，也開始慢慢了解到小孩是怎麼思考、怎麼學習數學，而老師可以扮演什麼樣的鷹架角色，去協助孩子建構她（他）的數學知識。這些寶貴的經驗曾陸續發表於各學術研討會

及報章雜誌上。

　　爾後有同好告知，希望獲得較完整的資訊，因此我們將之彙集成書，以饗關心數學教育的伙伴們。

　　　　　　　　　　　　　　　　　　鄔瑞香
　　　　　　　　　　　　　　　　　　八十七年九月六日

目　錄

第一章

我的蛻變與成長

「蝦脫殼、蝶蛻變」，萬物的成長，經常都會有一段艱辛的歷程，才能改變自己原來的風貌。

在傳統教室裡執教二十幾年的老師，如何從蟄伏已久的冬眠當中醒來，建構主義的思潮扮演著春雷的角色。

筆者願意把蛻變成長的歷程，轉化成書面的文字，和從事數學教育工作的伙伴一起分享。

希望成為您自我蛻變的一股力量。

壹、我的蛻變與成長

一、心靈的蟄伏期

民國 55 年，台北女師畢業，進入小學當老師，在小學做了 17 年的級任，每個年級都教過，其中以教五、六年級時間最長，大約有 12 年之久。我自認是個非常優秀的老師，教學認真，並積極配合校務推展，愛學生如己，因此在教學生涯上一帆風順，稱心如意。

直至民國 72 年接觸學術性的研究工作，並進入台北市數學科輔導團工作，此際，始擴大眼界，常有機會聆聽到教授們的研究報告，及國外的學者專家們所帶來的新資訊，當然也聽到台北市國小教師們對現行數學科教材的抱怨：量多、時數少，教不完！學生成績低落，學習意願不高。

世界潮流的衝擊加上資訊時代的來臨，學習方式的突破勢在必行，反觀國內目前數學教育的現況實為一大隱憂，講解式的教學、過量的作業、反覆式的練習、只求時效及演算的正確性，不講究思考及反省解題的過程；只看表面的考試成績、不深入探討評量的方式及內容。在在都令人為數學教育及學習的品質擔憂。

校內問卷調查也發現：孩子不喜歡數學的程度，隨年段而增高，由三年級的 6.9％到六年級的 35.7％（民國 79 年 1 月，東園之聲）。同時也訪談過孩子，他們說：「數學嘛！一直在計算，

好無趣！」「老師一直講，一直講，我們聽，好乏味！」有些年紀大一點的孩子甚至說：「除了應付考試外，一點用處也沒有，好像堆垃圾！」。

最令人深思的訪問，莫過於已畢業的師專（院）生。他們說，從前學習數學的經驗，大都是用「背」的，背公式、背定理、背演算法則，實在搞不清楚「什麼關係」，也不知如何思考，以及從那裡思考起？乾脆背起來應付考試就是了。那麼這些未來的老師們畢業以後，怎麼教小朋友呢？「反正小學的教材很簡單，講解給他們聽，聽不懂，再多講幾次或多練習幾遍，一定會懂的，除非是天資差的小孩，那就沒辦法了。」

果真是如此嗎？回想從前的我，不覺莞爾，似乎這條路我也曾經踩過，我的老師怎麼教我，我也依樣教學生；學生也很乖，很聽話，老師怎麼教，就怎麼記，反正考試內容都在老師教的範圍之內，只要記住了，考試得高分不成問題，然而學生的高分往往造成老師、家長以為孩子真的懂了、概念弄清楚了的假象。

我也犯了這種毛病，一直到民國 77 年，遇到我的學生，正在國中教英文，她當面告訴我：「老師，從前學的數學，都聽不懂，我們都用背的！」我的天啊！這是個當年每次數學考試都是 100 分的小孩，數學，居然是這麼辛苦學的。「那國中呢？」「一路背到底啊！」「那高中呢？」「就很慘啊！背不來！」學生的話，好比一記當頭棒喝敲醒夢中人，當下，只能含著淚水，懺悔去也；當年的名師，也不過是個假象吧！

二、春雷乍響

　　美國數學教育專家 Dr. Underhill，他在師資訓練方面是個專家，他於民國 79 年 4 月 25 日第五度來板橋教師研習會作三天的專題演講（內容詳見 80 年 6 月出版之 78 學年度師範學院數學科教授座談會實錄）。他說：

　　　從 1982 年以後，全球的數學教育界發生了很多改變。我們現在教的這些學生，將是公元 2000 年代的公民，而我們現在教的，根本不足以預備他們在那時候的生存條件。

　　　1978 年美國全國督學聯合會（NCSM），製定了一個新的全國數學教師行動綱領報告，其中提到計算還是很重要的，但只需教學生一些基本的計算，讓他們知道這些計算概念是怎麼來的，亦即複雜的計算是從基本計算延伸出來的，例如使用電算器、電腦這些工具，已經是基本的技巧。在使用這些高科技的工具前，需要有估測的能力及判斷結果是否合理的能力。

　　　這一份報告，還提出解題是非常重要的，尤其是解非例行性（nonroutine）的問題。

　　這一段話讓我醒悟到，數學教學不在把重點放在演算技巧的速度與正確性上，而是培養學生會估測及驗證答案合理性的能力上。

　　Dr. Underhill 在第二天的演講中提到知識論，「知識是什麼？」實證主義者認為，知識來自於個人對世界的感覺和經驗，因為知識是從經驗中產生的，所以知識存在於人體之外，可以從這個人傳遞給那個人；而建構主義學家，如 Piaget、John Dewey，他們的想法是：「知識存在於人體內，是建構的結果」它是不可能傳遞出去的，只能自己靠自己的努力，把知識建構起來。

von Glasersfeld 認爲知識是透過自己看到的、聽到的，而建構自己對外在世界的知識與理解，因爲是我自己的五官所建構的知識，所以我當然會相信我看到的東西。

Vygotsky 的觀點認爲：「概念（知識）是在社會化活動及個人心智活動下逐漸發展出來的。」

建構學派的論點，對我產生了很大的衝擊，它改變了我的教學行爲，促使我對「什麼才是真正的學習？」重新做考量、評估。

三、蟄伏破繭

我問自己：「到底想當什麼樣的數學老師？」答案是：「我希望上數學課時，學生知道他在做什麼？爲什麼要這樣做？我真正期望孩子獲得的數學知識是透過思考與反省而建立的，是他真正瞭解的數學知識。」

在這裡談到數學的瞭解，借用 Skemp 的理論，他說：「數學瞭解可分爲兩類，一爲機械性（instrumental）瞭解，即知道如何求答，例：求面積，知道是長×寬；一爲關係性（relational）瞭解，即除了知道求答案外，還要知道爲什麼要這樣做，例：爲什麼長×寬可以描述面積的大小呢？

要想讓學生透過關係性的瞭解來學習數學，學生的學習方式和態度就必須有所改變。

　　學生不再只是單方面的聽和接受，必須主動地去探索、嘗試錯誤，尋找解題策略，而老師的教學態度也要改變，除了給予時間思考外，還要鼓勵其發表想法，並容忍個別差異所造成的優劣想法。

　　這樣的一個理論，改變了我的教學態度，因此後來形成的數學教學模式，也以此為依歸。其中教師的佈題構思與解題情境的設計，目標皆指向數學關係性瞭解。

四、脫殼與蛻變

※ 容忍同儕互動時的吵雜

　　傳統式的學習方式，是要盡量保持課堂上的安靜，便於傾聽老師的講述。若從 Vygotsky 的建構論觀點看學習，知識的形成乃是透過社會性的溝通與討論，倘若每個小孩都參與同儕的討論，課堂勢必無法保持寧靜，因此老師要有新的體認，當討論聲音響起時，也就是孩子學習活動的開始。

※ 不急著告訴答案，讓孩子自己發現

　　von Glasersfeld（1987）對教師角色的扮演曾說過：「如果我們把知識和能力視為個人經驗之概念組織的結果，教師的角色，將不再是施與真理，而是協助並引導學生就某經驗領域從事概念組織的歷程。教師要做兩件事：一方面是了解學生現在在那裡，另一方面是決定往何處去，這兩方面無法直接觀察，只能根據假設模式來解釋學生所說所做的，這是從蘇格拉底開始就為每位優秀教師所採用的。」

解題最著名的數學教育家 G. Polya 將數學的學習看做是一種「猜測－證明－發現」的實際活動，數學教學就是引導學生進入這項實際活動。

唯有讓孩子嘗到自己發現答案的喜悅，才能真正吸引他主動投入思考的境界，為了建立孩子主動學習和願意思考的環境，整個教學型態必須做調整與改變。於是我嘗試以兒童為主，教師藏身於幕後的課堂活動，把講台和黑板留給學生做為討論溝通的舞台及解題過程的記錄板。

整個教學活動自始至終，一直是孩子在尋找、探索答案。老師要忍得住氣，陪著他們掙脫思路的瓶頸，一路適時引導等待結果的展現，分享他們發現事實、證明成功的喜悅。

五、教學模式的誕生

我們追求的目標是有效的學習，講究數學關係性的瞭解。情意部分，會主動學習、不害怕數學；認知部分，則是具明辨（critical thinking）能力，會做批判性思考活動；技能部分會做估算，使用工具解題。

課堂活動進行方式：

佈題	討論	質疑辯證	共識
舊經驗	溝通	理性批判	兒童想法
有意義	調整	概念澄清	數學規約
生活化	初步共識	容忍異己	約定俗成
非例行題		欣賞評鑑	

※ 什麼樣的題目，可以引起學童思考和討論？

　　這一堂課是否成功，老師事先設計的題目是關鍵。爲了達到每個小孩皆能參與討論的目標，題目常有「猜猜看」的字眼，鼓勵兒童不必過於拘泥固定的答案，鬆開思路，勇敢地探索，例如：未瞭解面積公式之前「猜猜看，你的桌面有多大？」這樣的題目，兒童可能出現的解題策略是：「15 個手掌並排那麼大」「大約可排滿 12 個板擦多」「大約可放滿 24 個茶杯蓋」「大約可用 63 個正方形紙片覆蓋」……這樣的討論方式，兒童領略到思路的開拓與成就。

　　題目中也常出現關係性的問話，例如：「當你做小數的加減計算時和做整數的加減計算時，你發現了什麼？請舉例說明。」又如：「量量看這些角是幾度？你發現了什麼？」「如何確定 0.28 比 0.3 小，請說明理由。」

　　當然了，在題目中出現批判性的語句，討論時最具挑戰性。例如：「有人說 1 公尺＝ 100 公分，所以 1 平方公尺＝ 100 平方公分，你認爲這句話對不對？爲什麼？」又如：「一個蘋果賣 10 元，一個橘子賣 8 元，小英買了一個蘋果和三個橘子，應該要給老闆多少錢？

　　甲的計算方法是 $10 + 8 \times 3 = 18 \times 3 = 54$　答：54 元
　　乙的計算方法是 $10 + 8 \times 3 = 10 + 24 = 34$　答：34 元

　　你認爲哪一個人的計算方法是合理的，請說明理由。」

❋ 討論時，老師扮演什麼樣的角色？

老師只是個介入者而非解題者，那何時該介入？

1.導引思考的方向

當小組陷入苦思不得其解或解題錯誤時，老師可從旁提問：「也可以畫圖試試看啊！」「只有這種想法嗎？應該還有別種想法喔！再想想看，哪種想法才合理？」

2.促進「反省」的活動

當孩子們只做順向的解題活動找到結果時，老師可利用問話方式，促使他們回頭尋找原因，並做檢驗工作，像「你確定這個答案合理嗎？」「如何證明這樣的想法是對的？」

3.提供深層思考的數學問題

例如：「有位小朋友說這個方形的面積是 $16cm^2$，是指哪裡？要怎麼說明 $16cm^2$ 所代表的意思？」

4.問題的淡化處理

因為是開放性的討論，所以各種問題都可能出現，有些是超出孩童的認知範圍，例如：四上剛開始談論方形面積的求法時，就有人問：那圓形面積怎麼求？有些是離題太遠，例如：正討論數學上所謂什麼叫做「面」，有人問風有面嗎？什麼叫做鋒面？所謂淡化處理就是暫時課堂上不討論，留著當家庭作業回去思考，或以後適當時機再提出來討論或和別科做聯結。

5.程序性的問題處理

每當分組討論結束時，各組均爭著想發表結果，老師這時就需以達成教學目標為依歸來決定何組先何組後；在質疑辯証時，老師也要顧及強勢弱勢同學的發言機會。

貳、繽紛的教室

一、教學案例

※ **單元名稱**：小數的認識。（參考國立編譯館編印，國小數學課本第七冊第七單元，民 82 年）

※ **教學目標**：

    *1.*認識二位小數和三位小數的意義。

    *2.*會用三位以內的小數表示不滿單位量的尾數部分。

    *3.*瞭解三位以內小數的大小關係。

※ **教學架構**：

階段一：由量的分割切入

認知層次 教材內容 佈題層次	量的分割	量化 （分數表示）	數值化 （小數表示）
認識一位小數 （舊經驗三上）	把一塊蛋糕切成十等份	其中的一等份是佔一塊蛋糕的 $\frac{1}{10}$	若取十塊中的一塊就記作 0.1
認識二位小數	把一塊巧克力切成一百等份	取其中的一等份是佔一塊巧克力的 $\frac{1}{100}$	取其中的一小塊就記作 0.01
認識三位小數	把一塊羊羹切成一千等份	取其中的一等份是佔一塊羊羹的 $\frac{1}{1000}$	取其中的一小塊就記作 0.001

階段二：單位轉換

佈題層次＼認知層次＼教材內容	量的分割	量化（分數表示）	數值化（小數表示）
容　量公合、公升的關係	1公升可分成 10 個 1公合	1公合和 1公升相比，等於 $\frac{1}{10}$ 公升	從10個1公合裡分到1公合，等於分到 0.1公升
長　度公分、公尺的關係	1公尺可切割成100個1公分	1公分和 1公尺相比，等於 $\frac{1}{100}$ 公尺	從100個1公分裡分到1公分等於分到0.01公尺
重　量克、公斤的關係	1公斤可切割成1000個1克	1克和1公斤相比，等於 $\frac{1}{1000}$ 公斤	從1000個1克裡分到1克等於分到0.001公斤

※ **教學時數**：預計8節課（實際上了10節課）

※ **題目設計舉例如下**：

認知層次	佈　題	說　明
量的分割 ↓ 量化（分數表示） ↓ 數值化（小數表示）	1.鄔老師買了一塊蛋糕，切成十等份其中一等份給家美，其中二等份給淑樺，請問她們各分到多少？討論：(1)若用分數表示的話，該怎麼說？(2)若用分數表示的話，該怎麼記錄？(3)分數和小數之間有什麼關係？	（第一節）舊經驗舊經驗關係性的瞭解

量的分割 ↓ 量化 （分數表示） ↓ 數值化 （小數表示）	2.嘉安買回了一塊大巧克力，分給家人吃，每人吃的量如下，請問每個人吃到多少？ 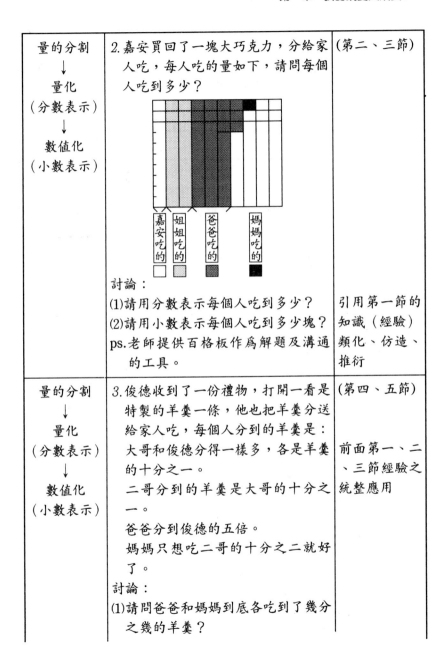 討論： (1)請用分數表示每個人吃到多少？ (2)請用小數表示每個人吃到多少塊？ ps.老師提供百格板作為解題及溝通的工具。	（第二、三節） 引用第一節的知識（經驗）類化、仿造、推衍
量的分割 ↓ 量化 （分數表示） ↓ 數值化 （小數表示）	3.俊德收到了一份禮物，打開一看是特製的羊羹一條，他也把羊羹分送給家人吃，每個人分到的羊羹是： 大哥和俊德分得一樣多，各是羊羹的十分之一。 二哥分到的羊羹是大哥的十分之一。 爸爸分到俊德的五倍。 媽媽只想吃二哥的十分之二就好了。 討論： (1)請問爸爸和媽媽到底各吃到了幾分之幾的羊羹？	（第四、五節） 前面第一、二、三節經驗之統整應用

(2)請用小數表示，到底每個人吃到了幾塊羊羹？ (3)羊羹還剩下多少？ (4)如何確定你的答案是正確的？ ps.老師提供小積木每組 1000 顆作爲解題及溝通的工具	非形式化的小數加減法介紹、反省、驗證
4.想想看，甲吃了 0.109 塊羊羹，乙吃了 1.01 塊羊羹丙吃了 0.89 塊羊羹，請問誰吃得最多？爲什麼？ （回家功課）	經驗的延伸，培養批判思考

二、教學實況摘錄

（82、12、4 上午 9：40～11：10，小數的認識第 4、5 節）

教學方式	活　動　情　形	備　註
佈　題	（老師邊口述邊圖解） 俊德把收到的羊羹分給全家人吃，每個人分到的羊羹是： 一塊羊羹　　大哥　　二哥 ×5 爸爸　　⊞ 媽媽 大哥和俊德分得一樣多，各是羊羹的十分之一。 二哥分到的是大哥的十分之一。 媽媽只想吃一點點，她分到的羊羹是二哥的十分之二。	約 5 分鐘 說明題意

	爸爸喜歡吃羊羹，所以他分到的是俊德的 5 倍。 好！現在開始討論： 1. 請用小數表示每個人吃到的羊羹。 2. 羊羹還剩下多少？ 3. 如何確定你的答案是正確的？ 還有沒有問題？	
小組討論	（全班分成六組，每組 6〜7 人，共 41 人） • **A 組工作情形**（乃文組長） 小黑板平放在桌上一起討論 S1 和 S3 把題目圖解在小黑板上。 S7 根據圖解再寫文字說明。 S5 和 S6 嘗試用小積木來驗證解法。 S4 站在一旁觀看，並提出意見。	教師佈題 完後各組 的啓動情 形
小組討論	• **B 組工作情形**（婉貞組長） 小黑板平放在桌上討論 S4（組長）在説明題意和想法。 S3 在畫圖解補助組長説明。 S1 急欲插手幫助畫圖解。 S5 站著注意觀看，手拿粉筆，隨時參與作業。 S6 坐著積極表示意見。 S2 左顧右盼，幫點小忙（遞粉筆、拿板擦）。	同儕互動 氣氛和諧 ，組長參 與記錄解 題過程

小組討論	• **C組工作情形**（浩偉組長） 小黑板平放在桌上討論	教師介入 引導思考 的方向

小組討論 • **C組工作情形**（浩偉組長）
小黑板平放在桌上討論

```
              T
    S3 ┌───────┐ S4
    S2 │ 小黑板 │ S5
    S1 └───────┘ S6
```

T（教師）介入
T拿著排列好的積木（方形1000粒）正引導
C組作思考活動，全組趴在小黑板上專注的
　　聽、看。

小組討論 • **D組工作情形**（國義組長）
小黑板斜放在教室後討論

```
        ┌──────────┐
        │  小黑板   │
        └──────────┘
    S1 S2 S3 S4 S5
          S6
```

S1和S2利用圖解說明題意。
S3和S4列式說明解法。
S6（組長）坐在後頭指揮監督，並提出看法
　　和大家討論。
S5站在旁邊觀看小組討論。

小組討論 • **E組工作情形**（文華組長）
小黑板斜放在教室大黑板下討論

```
        ┌──────────┐
        │  小黑板   │
        └──────────┘
    S1 S2 S3 S4
          S5
```

S1正在仔細觀察方形盒子、積木排列情形。
S2S3S4利用圖解說明題意，並列式說明想法。
S5（組長）蹲在後面觀看大家的作法，並提
　　出看法與大家討論。

右欄註記：

組長動口
不動手，
組員寫解
題過程

組長動口
不動手，
組員負責
寫解題過
程

小組討論	**F 組工作情形（俊灃組長）** 小黑板斜放在教室書櫥前討論 $$\boxed{\text{小黑板}}$$ S1　S2　S3　S4 S5　S6 S1 和 S2（組長）利用圖表、方瓦說明題意及 　解法。 S3 和 S4 利用長條圖說明每個人分到的量。 S5 半蹲專注觀看 S1 和 S2 的作法，並提出看 　法和 S1 和 S2 討論。 S6 屈膝專注觀看 S3 和 S4 的作圖，並提出意 　見與 S3 和 S4 討論。	組長參與 記錄解題 過程
共同質疑 辯証	首先 C 組提出討論成果，接受大家質疑，組 長浩偉負責答辯。 大哥吃 $\dfrac{100}{1000} = 0.100 = \dfrac{1}{10} = \dfrac{10}{100}$ 二哥吃 $\dfrac{10}{1000} = 0.0010 = \dfrac{11}{100}$ 德昆吃 $\dfrac{100}{1000} = 0.100 = \dfrac{10}{100}$ 爸爸吃 $\dfrac{500}{1000} = 0.500 = \dfrac{5}{10}$ 媽媽吃 $\dfrac{2}{1000} = 0.002$ $\dfrac{100}{1000} \times 2 = \dfrac{200}{1000}$ $\qquad + \dfrac{10}{100}$ $\dfrac{100}{1000} \times 5 = \dfrac{500}{1000}$ $\qquad\quad + \dfrac{2}{1000}$ $\qquad\qquad\overline{\dfrac{712}{1000}}$ 答：剩下 $\dfrac{288}{1000} = 0.288$	$\dfrac{11}{100}$ 可能 是筆誤

	小黑板才剛放好在大黑板的前面，就有人喊：我有問題！
	偉：承瀚
	師：還沒開始解說，你就有問題啦！
質疑	瀚：羊羹不是一塊嗎？為什麼會跑出一千塊呢？（手指小黑板上 $\dfrac{100}{1000}$ 的分母 1000）
	偉：我們把這一塊羊羹（大黑板上的題目）分成一千等份
	大家：為什麼？
	偉：把它分成一千等份，是要把它變小塊一點，為了計算更微小的數目，例如：媽媽分到的，若用 100 等份，就分不到了。
	師：是為了考慮到媽媽分到的太小了，是嗎？
	偉：對！
質疑	宏：我有問題，那你為什麼不把媽媽的分得更小，分成一萬份呢？
	師：問得真好！
	偉：若分成一萬份，這樣就不叫「數學簡化」，若分成一千份就比較容易嘛！這就叫做數學簡化嘛！
	大家：我要補充！
	偉：佳修！
補充說明	修：數學有數學規則（約），那個羊羹又是個正方形，先分成 100 等份，每一等份再分成 10 份，就是一千等份，所以應該照這個格式來算。
	偉：還有沒有問題？
	大家：有！
	偉：乃文

提示要點

鼓勵一針見血的問題

質疑	文：大哥吃$\frac{100}{1000}$是不是？又等於0.100，那你又寫等於$\frac{1}{10}$，是不是這塊羊羹變大了？	
	偉：這塊羊羹沒有變大，只是分法變少一點而已，分法不一樣，一個分成十等份，一個分成一千等份，但是容量還是一樣大。還有沒有問題？	
	大家：有！	
	師：昶龍的解釋大家聽得懂嗎？	確定小孩是否接受
	大家：懂啊！	
	偉：乃文	
質疑	文：你這裡（手指小黑板）一下分數，一下小數，分數在這裡和小數到底有什麼關係？	
	偉：關係很密切啊！這裡的$\frac{100}{1000}=0.100$，小數的零（指個位）在這裡代表分成一千份的意思。	
	師：那零（指個位）的位置也可不可以代表另外的一個意思呢？例如：老師有一塊錢，那1應該放在那裡？	協助澄清概念
	偉：應該放在這裡（個位的地方），還有沒有問題？	
	師：家美應該會有問題的…（家美不好意思笑笑）。來，老師幫你問，爲什麼要寫零點幾呢？爲什麼不寫一點幾呢？	鼓勵質疑並回答家美數學日記的提問
	偉：寫一代表完整的一塊，寫零是代表不是完整的一塊，是分成10等份或100等份。	
	師：你的意思是說比原來的1還小，是不是？	促進反省

	偉：是，還小 10 倍或…	提昇問題
	師：是小多少要怎麼看呢？	層次
	偉：要看你把原來的 1，分成幾份，才能決定。	
	師：這樣講，家美聽得懂嗎？	再次檢驗
	大家：我有問題！	
	偉：承瀚！	
質疑	瀚：$\frac{100}{1000}$ 的 1000 是指一塊羊羹分出來的對不對，那為什麼不把 1000 的 1 寫到 0.100 的 0 的位置上。	
	偉：我剛剛已經說過，羊羹是指完整的一塊，而這個 0.100 並不是完整的一塊，是從羊羹身上分下來的是 1000 份裏的 100 等份，就不能把 1 寫在 0 的位置上。	
	大家：有問題！	
	偉：明宏	
質疑	宏：那你說個位寫 1 的話，就不從這塊（羊羹）分下來。所以要寫 1 啊，代表從這塊（羊羹）分下來的，寫 0 的話，就代表原本就分開的啊！	
	偉：如果個位寫 1，就寫成 1.100，代表完整的一塊又多出一塊，意思就不通了。	

三、評量

　　上完課後，請學生回家後把上課的情形，記錄下來，即為「數學日記」。

　　從日記中，我們可以做下列的學習檢驗及教學省思。

1. 學生上課後，自我反省及統整所獲得的知識是否正確。
2. 學生形成數學概念的演化途徑。
3. 學生如何看數學與學習數學。
4. 啓示學生在達成共識之後，又能提出他的新看法。
5. 學生會主動做數學本科領域之聯結（例：甲會利用長條圖來表示小數大小的比較）。
6. 容忍異己，欣賞別人好的想法。
7. 學生的看法或提出的問題，甚至於錯誤的想法，皆有助老師佈題的思考借鏡。
8. 考核學生數學能力，幾乎可以不再筆試。
9. 態度（專注、積極性）和情意（喜歡數學）的培養。
10. 補足上課無法發表（不敢或無暇）與老師溝通的機會。
11. 瞭解學生對數學內各不同單元的學習偏好。
12. 語文能力的提升及各科學習分析綜合能力的導引。

◆後記

這次的數學實驗，雖然長達三年半，但是讓我真正嘗到教學相長的喜悅。我從孩子們的日記中看到他們分析事理的能力愈來愈強；從課堂中聽到他們使用的詞彙愈來愈清晰有理；從他們的同儕互動中感覺到容忍與愛心的滋生，一切的一切，讓我覺得不只是與他們共同討論數學而已，重要的是培養一個會做理性批判思考、會主動學習、會容忍異己欣賞別人以及有世界觀的國民。

❖參考文獻❖

von Glasersfeld, E. (1991). *Radical Constructivism in Mathematics Education.* Netherlands: Kluwer Academic Publishers.

第二章
傳統教室刻板學習

　　傳統的數學教室，教師講得口沫橫飛，學生聽得搖頭晃腦。老師只是教科書的經銷商，學生只是一群權益被漠視的消費者。學生的年級越高，數學的學習成就越低落。

　　老師忙著趕進度、做複習，學生懂不懂沒關係；考試的成績擺第一，成績不好無所謂，多考幾次就成材。數學教育無它，多背多考多複習。

　　窄小的教室，框框的思維，傳統的數學教室，到底要爲我們培育怎樣的下一代？

　　當一些課程專家正在爲廿一世紀的兒童，打造數學新課程的時候，傳統的數學教室裡，老師卻正在應用他的舊經驗、老方法去指導學生，進行數學的解題活動。如果課程的發展和教學的技術無法同行並進，教材與教學的鴻溝將隨著課程改革步伐的快速，而加深加劇。

　　當數學教育專家從兒童認知的角度，發展完成一套一至六年級的課程，主張讓兒童主動建構知識的時候，正在數學教室使用舊課程的教師，疑問才剛開始：「新課程的精神是什麼？什麼是建構？什麼是合成？什麼是分解？什麼是系列性合成運思？什麼是累進性合成運思？什麼是併加型的題目？什麼是添加型的題目？什麼是解題活動類型的抽象化？……。」。

　　這些新的名詞背後都隱藏著複雜的知識結構。當一個數學老師不瞭解這些複雜的結構，而直接進入數學教室面對學生的時候，所產生的現象是：老師應用他舊有的、熟悉的經驗來詮釋課程。

　　現場的教師跟學生一樣，需要專家的支援與協助。可是教師進修的體系，似乎無法擔任如此繁複而細膩的工作，而發展課程的專家也沒有充分的時間來進行師資培育的工作。於是新的課程發展好了，舊課程的方法與技術依然在課室裏面運作。

　　現在所觀察到的數學教學方式，仍然讓學生繼續面對討厭的數字，而不了解它有什麼用途或有哪些迷人的地方（von Glaser-sfeld，1991）。數年前芬蘭的研究學者也曾經提出警告，指出我們的小學數學教育太過機械化，他們學習規則和解題訣竅，而非做數學性的思考，這是一種毫無意義的機械式學習（Strang，

1990；摘自 Steffe & Olive，1991）。

截至目前為止，數學這一科仍然是目前國民小學當中，最令國小兒童頭痛的學科（Conrad，1992）。

筆者有機會進入一般的教室觀察，發現傳統的教師皆使用舊教材（國立編譯館根據民國 64 年的課程標準改編，83 年 8 月出版的數學教材第十一、十二冊，包含課本、習作、教學指引等）。在傳統的教室當中，90%的時間都是老師講學生聽，將數學概念當作國語課來教。

傳統的教師將數學概念分解成許多技術性的常識來教，例如教師不講究「分數」概念對學生認知的意義是什麼？但是，老師可能講解許多分數四則運算的規律與規則。

造成刻板化的數學教室，最主要來自兩個因素：一個是傳統數學課程的影響；另一個是數學教師與數學教室的傳統文化。

壹、 傳統數學課程所隱含的問題

傳統的數學課程，不但訓練了一批機械解題的學生，也培養出了一批機械教學的老師。舊課程的教學指引，幫老師設計了每一個解題步驟，老師只要按照指引的內容教，最後都可以引導學生進行成功的解題。一般的老師在這種模式之下，被成功地訓練幾年之後，通常會成為相當不錯的教師。

這裡所謂不錯是指可以把數學專家設計好的知識，完整地傳達給學生的人。這個現象，是從教師的觀點來看學習，感覺上是

成功了，因爲要教的教材已經教完了。可是，如果從學生的觀點來看學習，這樣的教學並不一定成功，因爲學生不一定瞭解課本所要傳達的概念，學生也不一定可以將他習得的觀念和別人溝通，也就是學生的學習還沒有將新的概念內化成自己的概念或學習的基模。因此，學習不能宣告成功，最多只能說，教師教完了他想教的進度或內容。

　　以往的教科書或教學指引到底出了哪些問題呢？以下是筆者的分析：

一、技術導向的課程（technique oriented curriculum）

　　技術導向的課程是一種程序（procedures）、方法（methods）、技能（skills）、規則（rules）、和算則（algorithms）的課程，將數學描述成做的學科（doing subject），而不是反省的學科（reflective subject）。技術導向的課程強調客觀主義（objectivism）、控制（control）和神秘（mystery），而缺乏對理想主義（rationalism）的觀照、也缺乏學習歷程的理解（comprehension），以及學習情境的開放（openness）（Bishop，1988）。

　　現行的教材每一單元都充滿規律和算則，例如「分數的乘法」這個單元，最後編者就歸納一個公式「分數乘式中，如果有帶分數，可先把帶分數化爲假分數，然後分子乘以分子，分母乘以分母。」（數學課本第十一冊第 6 頁，民 83），又如「比和比值」這個單元也歸納出一個公式：「一個比的前項和後項同乘以或除以一個不等於 0 的數後，所得的比和原來的比相等。」類似

這樣的算則在第十一冊數學課本總共出現了七次，第十二冊的數學課本總共出現了十六次。

有趣的是這些老師要學生熟背的算則。畢業考結束之後，筆者訪談一位級任老師，她一直責怪學生不用功，剛教過的公式，馬上就忘記。後來筆者打趣問她說：「圓柱體的側面積的公式您記不記得？」她突然答不上腔。公式或算則本身對學生來說是沒有意義的（不是學生主動建構的），它們只是歷代數學家用來解決問題的技術，學生還沒有理解公式形成的原因就直接套用，只是機械性的練習，並沒有產生關聯性的理解。

課程本身沒有提供算則或公式形成的歷程，和反省思考的空間，而只將它當成一種技術。數學課程像在訓練學生學開車，遇到紅燈知道要停止，綠燈可通行。學生變成機械式的反應，看到題目不假思索就可以套用公式。課程很少讓學生去反省思索：公式如何產生？算則從何而來？縱然有這類問題的提出，也很快地出現答案，學生明顯地缺乏反省思考的空間。所以數學課程的第二個特質就是「示範解題方法取向的課程」。

二、示範解題方法取向的課程

整個課本就是一本很好的解題範本。最常見的解題步驟是先列出解題的方法或簡化問題，再畫圖說明，最後演算求出答案。像課本第十二冊第 18 頁的例子：「三福國民小學有學生 4160 人，已知男生的人數是女生的 1.08 倍，男女生各有多少人？」。

以女生的人數當作母數，男生的人數（子數）就是母數的 1.08 倍。男女生的人數和就是母子和，相當於母數的（1＋1.08）倍。

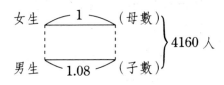

以□表示女生的人數，可列式如下：

□×（1＋1.08）＝4160

□＝4160÷（1＋1.08）＝2000 …………女

2000×1.08＝2160 ……………………男

答：男生有 2160 人，女生有 2000 人。

　　從上述的例子，可以發現解題的內容，占去課本大部份的篇幅，詳細的程度可用「圖文並茂」來形容。但是因為解題過程的解說過於詳細，解決學生問題的同時，也限制了學生的思考。

三、單向度的題目，造成學生刻板化的解題習慣

　　單向度一詞係引用社會學家 Herbert Marcuse 的用語，他指的是工業化社會的人民，被科技和壓抑所擊潰，思考變得無能，對現況無法加以批判（Rex Gibson ,1986；吳明根譯，民 77，p36）。數學課程，提供了格式化的題目，每個題目都有一組標準化的解題模式，一個標準答案，一組固定而明確的教學目標。學生就在這一套統一的標準教材訓練下，變成一個快速而有效率的解題工具。再經過評量方式巧妙的制約——在短時間快速有效地解題，學生逐漸形成機械化的反應。造成的教學結果就是 R.

R. Skemp（1989，引自許國輝譯，民 84）所說的機械式理解。機械式的理解，讓學生習慣於接受既存的事實，缺乏敏銳的直觀覺察能力（Gordon, 1983），最後學生的批判能力、創造思考能力，就逐漸屈服在權威的數學知識體系當中。 從課本的例子，可以更清楚機械式理解的意義。

民國83年8月國立編譯館編審小組主編的數學課本改編本，其中第十一冊第一個單元「分數的乘法」，內容是這樣呈現的：

1公斤的複合肥料可撒布 $\frac{3}{5}$ 公畝的菜園，2公斤、$\frac{1}{4}$ 公斤、$\frac{1}{3}$ 公斤各撒布多少公畝？

(1) 1公斤可撒布 $\frac{3}{5}$ 公畝，

2公斤可撒布 $\frac{3}{5}$ 公畝的 2 倍，所以是 $\frac{3}{5} \times 2$。

(2) 1公斤可撒布 $\frac{3}{5}$ 公畝，

$\frac{1}{4}$ 公斤可撒布 $\frac{3}{5}$ 公畝的 $\frac{1}{4}$，所以是 $\frac{3}{5} \times \frac{1}{4}$，

也就是 $\frac{3}{5} \div 4$ 的意思。

(3) 1公斤可撒布 $\frac{3}{5}$ 公畝，

$\frac{1}{3}$ 公斤可撒布 $\frac{3}{5}$ 公畝的 $\frac{1}{3}$，所以 $\frac{3}{5} \times \frac{1}{3}$，

也就是 $\frac{3}{5} \div 3$ 的意思。

1公斤可撒布 $\frac{3}{5}$ 公畝，$\frac{3}{4}$ 公斤可撒布 $\frac{3}{5}$ 公畝的 $\frac{3}{4}$，

所以是 $\frac{3}{5} \times \frac{3}{4}$。由於 $\frac{3}{4}$ 是 3 個 $\frac{1}{4}$，所以 $\frac{3}{5} \times \frac{3}{4}$ 是

$\dfrac{3}{5} \times \dfrac{1}{4} \times 3$，也就是 $\dfrac{3}{5} \div 4 \times 3$ 的意思。

這是課本對於分數乘法所呈現的例子；這種刻板化的格式，不但出現在本單元，也是其它單元標準化的格式。這種格式具備下列的特點：

(一)先呈現一個標準化的題目，且這個題目大部份有一個標準答案（少部份題目例外）

　　課程中標準化的佈題、固定的標準答案，容易讓學生誤以為每一個題目都有一個答案。遇到矛盾的題目也不敢質疑或批判。例如筆者對六年愛班延後測驗的試題當中有一題應用問題的題目是這樣出的：「一艘船上載了 75 頭羊，25 頭牛，請問船長幾歲？」有 24 位學生答 50 歲或 100 歲，只有 1 位同學的答案是：「無關係，不能算」，其它 18 位同學保持空白。可見學生對於問題本身，還是缺乏質疑或批判的能力。

(二)有一組標準化的解題模式

　　課本的解題模式，很容易形成師生遵循的標準，學生模仿的對象。例如課本提供真分數乘以假分數時的解題策略是：分子乘以分子，分母乘以分母。分數乘數中，如果有帶分數，可先把帶分數化為假分數，然後分子乘以分子，分母乘以分母（第十一冊課本第 5 頁、第 6 頁）。在最後分子乘以分子，分母乘以分母，就成為分數乘法標準的解題模式。學生很容易就記住這種簡潔的運算規則，進行解題活動。在這裡分數乘法的概念，和整數乘法

的概念好像突然斷了線。完全沒有乘法單位量轉換的概念，只有四則運算的應用。結果學生學到的是分數乘法的運算，而不是分數乘法的概念。甚至於七個擔任六年級的級任老師，有六個不知道什麼是乘法單位量轉換的意義（84 年 6 月 20 日晤談）。

㈢有一個特定的目的

　　課本的佈題幾乎都是為了特定的數學規律在服務，像分數的乘法這個單元，最後歸納的規律是：「分數乘式之中，如果有帶分數，可先把帶分數化為假分數，然後分子乘以分子，分母乘以分母」。「分子乘以分子，分母乘以分母」化約成分數乘法的代名詞、學生運算的準則。但是，數學規律有時候會因為題目的條件不一樣，而發生規律不適用的情形。例如課本第 80 頁，提到用 1 元和 5 元湊成 17 元，共有幾種湊法，課本歸納的規律是：

$$17 \div 5 = 3 \cdots\cdots 2$$

$$1 + 3 = 4（種）$$

　　這種規律應用到其它題目就行不通，例如用 2 元和 5 元湊成 17 元，就不適用這種公式。這種規律的先決條件，必須是總數減去大數的特定倍數的餘數，都可以被小數整除。因為課本有出現這樣的規律，學生就受它影響，不但學生容易被影響，坊間的參考書也依樣畫葫蘆，而出現解題錯誤的現象：

　　　用 5 元或 10 元的硬幣湊成 406 元，有多少種湊法？

$$406 \div 10 = 40 \cdots\cdots 6$$

$$40 + 1 = 41 \qquad 答 41 種$$

　　這一題的答案，顯然是套公式得來的解答，因為 10 和 5 不管

如何拼湊，也無法滿足 406 的尾數 6，所以連一種也拼不出來，何來 41 種。如果 406 改成 405 題目的條件就符合了。

　　單向度的題目設計，老師好像是火車上面的司機；表面上好像是掌握方向盤的人，實際上方向和進度，早已被別人所設定。所以即使老師在每一節課所使用的佈題策略不同，最後學生還是回歸到課本的解題模式。

四、課程的假設過於理想化

　　在教學指引當中的教學指導部份，筆者經常發現這樣的說明：「在學習本單元之前，由上述教材地位知道，學生已經學過……。」這樣的假設和實際的情形落差太大，例如，第十一冊教學指引第 151 頁，說學生已經學過「分數的意義」，但實際上，在研究的現場，沒有一個學生能夠用語言或文字表達「分數的意義」。教科書經常會高估學生對舊教材精熟的程度，老師又為了迎合教材的進度，無形之中，學生沒有足夠的時間對前置的經驗知識完全理解，就學習下一單元，當然會斲傷了許多學生的學習興趣。

五、課程缺乏社會互動的觀點

　　無論從課本，或指引當中的內容，都無法看出學生合作解題的例子，純粹是數學知識的討論。課程本身沒有考慮到，當學生學習發生困難時，老師如何引導學生透過討論的機制去解決困難。因此，教材到了老師手上，就會發生「不相容」的現象──學生想討論但不知道如何進行，教師選擇課本的教材來佈題，也

不適合學生討論。數學課程的理論依據大多取材自心理學的研究成果，「話雖然如此，但這份理想是一項龐大而艱鉅的工程，因為問題解決的思考是複雜而多方面的，截至目前為止，根據心理學的研究結果，對思考過程做詳細分析與實驗研究的資料仍很缺乏，想在缺乏研究資料的基礎上來建立應用問題的教學系統，以及由此而來的教材分配，是一相當困難的問題。」（數學教學指引第十一冊第 170 – 171 頁）

貳、 傳統教師的問題

一、教師掌握得住教材，掌握不了學生

教學指引只是教學的導覽，不是教學的聖經，可是一般教師卻奉為教學的圭臬以及的指南。老師需要的是轉化教材的能力，依據現場學生的經驗及需求來設計學習活動，而非一味地模仿教學指引的教學步驟。從筆者在教室現場的觀察發現，雖然老師的教學佈題完全是節錄課本的題目，讓學生來討論解題，卻無法達到教學指引所設定的教學目標。例如：

「怎樣解題」這個單元，指引明確的目標有三條：

1. 能了解給定的應用問題的意義。

2. 能簡化給定的應用問題，由思考、分析找出解題的方法。

3. 能解釋並驗證給定問題的答數。

根據筆者在現場的觀察，這三種目標，在運作課程之中都沒

有達成，但是老師在教學當中卻明顯地希望達到另一個教學目標：歸納出「兩根電線桿的距離×間格數＝距離」這樣簡潔方便的公式，老師怕學生沒有能力發現，還親自寫在黑板上。這樣的公式，方便學生記憶、考試拿高分，學習的過程沒有參與都不會影響解題的能力。

因為考試都是課本的類似題，也都適用這個公式，記憶好的學生，很快就記住了，根本不需要了解題意、擬定解題計畫這些繁雜的過程（對使用記憶策略的學生來說）。

二、運作課程缺乏了解題意的步驟

在教學指引的教學目標第一條就是「能瞭解給定的應用問題的意義」，在教學指引的部份，也將「理解問題的情境（了解題意）」作為解決文字題的第一個階段。編者說：「因為要透過文字來瞭解問題的情境，所以在此必須『讀』文字題，由閱讀來確定未知數是什麼？已知數是什麼？條件是什麼？亦即透過閱讀來瞭解問題中的條件和數字間的關係。」活動設計的部份，還將了解題意這個步驟細分為六個具體的工作細目。

但是在老師的數學教室，卻完全付諸闕如，不但本單元如此，其它單元也有這樣的情形——老師題目寫好了，學生就開始進行解題活動。

三、學生缺乏合作解題的互動機制

合作解題不是學生與生俱來的能力，而是老師長期的引導與培養。傳統教室裡面最常看見的現象，有下列幾種：

1. 沒有分組，老師出題、老師解題

這種教學方式是最古老，也是最無趣的教學。這種方式的教學，學生的角色是扮演忠實的聽眾，學習有沒有成效，端賴學生耐不耐得住性子，好好聽講。

2. 有分組沒有合作

這種現象比第一種現象好一些，學生開始可以有對話的對象。但是筆者發現，如果分組以後，小組沒有確實的分工；或者分工之後的機制，沒有受到老師的強化及鼓舞，分組之後經常會發生小組長很忙碌，其它人沒有工作的窘境。

3. 選擇部份的題目，開放給小組討論

這種模式又比前面兩者的現象好一些，小組開始有合作學習的雛型，但是小組的對話，還是少數的人說，多數的人聽。

教室當中的課程，過度強化知識傳達的重要性，而忽略了學生學習能力的培養。學生缺乏合作學習的經驗與技能，再好的課程到了教室，還是只能淪為老師講學生聽，或是學生個別的解題活動。

四、「教室的插曲」影響教學的運作

每位教師都會對於學生的學習有一些期待，這些期待就像是導演事先準備好的劇本。可是並不是每一個學生都是聽話的演員，教室之中經常會出現一些意想不到的插曲。

這些插曲有時候是教室裡的突發事件，這些突發的事件，如果會危害學生的安全，或造成學習的紊亂，教師就有需要介入進去處理。如果只是學生為了引起老師注意的惡作劇，老師應該選

擇忽略，要不然教室當中會產生不良的連漪效應。一旦惡作劇的學生得逞，獲得老師的注意，大家就群起效尤。

　　另外的插曲是來自於學生不同的解題想法。當一個學生出現一個非常特殊的解題方法的時候，老師要開始做決定。如果這個解題方式很好，對全班學生的學習又非常有幫助，那麼老師應該提供機會讓他發表，甚至於幫他解釋，使他的解題歷程，能夠讓班上大部份的同學都瞭解。

　　另外是發現老師不想出現的解題模式，老師應該學會忽略，並且透過不同的問題，改變他解題的類型。例如一個從小接受心算練習的小孩，經常會依賴心算來解決問題。教師不能否定他的能力，但是，可以改變他的解題策略。例如老師出一題非例行性的問題：「72顆糖分給12個小朋友？怎麼分？」當他依賴心算能力無法解決問題時，他就逐漸不會依賴心算的能力了。

　　教室的插曲有時是一種助力，有時卻是一種阻力，應用之妙端賴老師的智慧了。

五、格式化的問題限制了學生的解題思考

　　格式化的佈題模式，在引導學生認識數學概念的同時，也在誤導學生的概念；也就是學生概念抽象化的歷程中，缺乏非例行性的題目。就像一位經常接收美國媒體文化的小孩，經常會誤以為白皮膚、藍眼珠的就是美國人。

　　筆者認為這種佈題的教材是單向度的，概念的建構是片面。有關於單向度的佈題模式，這裏呈現的教師觀點最主要在於說明，教師是一個有思考能力的人，所以他在使用教材的時候，對

於課本的觀點,並不是全然的接受,而是經常的質疑與批判。例如另一位老師也對教材提出疑問,她說:「課本的角椎和角柱都是標準化的,底面都是正多邊形,那斜一邊像比薩斜塔,能不能算角柱或圓柱?」

參、現象與問題

筆者訪問過許多現職的教師同樣的問題,都得到一樣的答案,教室的門是開著,老師的心扉是緊閉著。他們可以在一起討論問題,卻不可能讓其它的老師到教室來參觀。老師之間的互動如果僅止於解題技術的討論,而缺乏教學方法的觀摩,「理想課程」與「運作課程」永遠存在著一條鴻溝,再好的課程,到了老師手中,老師永遠依賴她的主觀經驗在詮釋。而這種詮釋的錯誤,最好的方法應該透過互相的觀摩來修正。

從筆者和現場幾位老師唔談的內容,發現老師對於數學課程的問題,都集中在課本與習作,沒有人談到教學指引的內容。老師關心的焦點,幾乎都是解題的方法、教材的份量,而忽略了教學指引的價值。

這種現象跟板橋研習會發展課程的理想迥然不同,研習會是先發展指引,再設計課本和習作,也就是先確定要如何教,再設計要教什麼。到了老師的手上,要教什麼,變成課程的重點;要如何教,端賴老師主觀的經驗,沒有人提及指引的方法。

課程設計如果沒有考慮老師轉化教材的能力與方式,只有把

方法形諸文字，新課程的推展必然無法竟全功。就像 Skemp（1985，引自林義雄、陳澤民譯，民76）所預言的：「新課程的引入也不保證學生更理解數學，如果老師依照舊的不好的方法施教，那一切等於零。」將來的數學教師將從一位解題者，轉變爲一位佈題專家，問題將是整個數學教育的核心。

數學課程的理想與實際，存在相當大的落差。這些落差若等待心理學者在實驗室裡做出研究結果，再拿來課程發展的使用，永遠緩不濟急。最早發現問題的永遠是老師，而不是心理學者，如果等到實驗室的成果出來了，再拿來使用，那我們永遠慢了一步（曾志朗，84年6月22日板橋研習會演講錄音）。所以解決教學實際面臨的問題，應該從每一間數學教室開始，從老師的佈題開始，從師生之間的學習互動開始。 誠如歐用生教授經常提倡的，教師即研究者（teacher as research）。每一個研究者也要走進教室，實際去體驗，教師如何把靜態的課程轉化成動態的運作課程。這些問題是心理學實驗室中，永遠無法解決的。很可惜的是，指引把老師養成一個依賴者而不是教學的研究者。

指引應該是課程的發展者與教師之間的對話錄，而且這種對話是持續不斷的，它如果不是日報，最起碼應該是月刊或季刊；而不是現行厚厚一本的手冊，而且一用就是好幾年。

❖參考文獻❖

吳明根譯（民77）：批判理論與教育。台北：師大書苑。

林義雄、陳澤民譯（民76）：數學學習心理學。台北：九章出版社。

國立編譯館主編（民 84）：數學教學指引第十一冊。台北：台灣書店。

許國輝譯（民 84）：小學數學教育──智性學習。香港公開進修學院出版社。

曾志朗（民 84）：多元教育研究會。板橋教師研習會演講辭。

Bisshop, A. (1988). *Mathematical education: A Cultural Perapective on Mathematics Education.* Boston: Kluwer Academic Publishers.

Conrad, K. S. (1992). *Lowering Presevice Teachers Mathematucs Anxuetv Through an Eperience-base Mathematics Methods Course.* EDRS.

Gordon, H. (1983). Critical theory and rationity in citizenship education. In H. Giroux, & D. Purpel, (Eds.). *The Hidden Curriculum and Moral Education (Deception or Discovery?),* pp. 361-384.

Steffe, L. P., & Olive, J. (1991). The problem of fractions in the elementary school. *Arithmetic Teacher, 38,* 22-24.

von Glasersfeld, E. (1991). *Radical Constructivism in Mathematics Education.* Netherlands: Kluwer Academic Pulishers.

第三章

數學課室外一章

小孩子的學習興趣被引動了之後，數學教室變得有趣且富變化。學生從被動的聽講，變成主動的解題。我們發現了孩子的學習能力之後，才發現以往我們把孩子教笨了。

「我們這一班」學生會將他的想法說給老師聽，他們是學習的主角，他們會主動發現問題，也會主動解決問題，他們是學習的主人。而老師，是一位忠實的傾聽者，也是問題的提出者。

當您想改變學生，請先改變老師，老師不只是要把學習的權力放給學生，老師還要懂得如何把權力放給學生，前者是信念，後者才是方法。這篇文章是筆者教學的「什錦歌」，希望您閱讀之後，能夠在數學教室譜出更美好的樂章。

楔子

把建構理論應用於數學課程的教學中或與孩子的互動中，孩子養成主動思考的習慣後，對於探索問題的熱情常有出乎意料的狀況發生。下面這六篇文章，就是在述說這些插曲，以饗同好。

壹、誰把小孩教笨了

有一天，我的同事，陳老師興沖沖的跑來告訴我：「主任！我終於領會出什麼叫做『解題導向的數學教學』。」

「哦！說來聽聽。」我好奇地想知道到底是怎麼一回事？

「記得二年前，我女兒幼稚園大班，我兒子小學三年級，有一天帶他們二人去吃每客 199 的披薩。付賬時，我問兒子和女兒：媽媽一共要付多少元啊？兒子嘴巴喃喃唸著：三九，二十七進二，三九，二十七進二；女兒卻低著頭數著手指頭，一會兒，兒子喊著：「媽媽！妳有沒有紙和筆，我需要紙和筆來寫『進位』，否則會忘記。」兒子還未算出。女兒卻小聲的招著我說：媽媽！您蹲下來一點，我告訴妳，我知道要付多少錢了。

『哦！真的，要付多少錢？』

『妳拿 600 元給櫃檯的阿姨，她會找妳 3 元。』

付完錢後，牽著女兒的手走出店外，再問：『妹妹！妳怎麼

知道給阿姨 600 元，還會找 3 元呢？』

『我用數的啊！199 再過去就是 200、400、600，三個人一共要給 600 元啊！但是阿姨一定要再找 3 元給我們才可以，她多拿了 3 元嘛！』」

「哇塞！妳的小女兒真厲害，會解題啊！」我打從心底佩服，後生可畏。

「主任，這段是前奏，精采的還在後頭呢！」

「哦！後來又怎麼樣？」還真會吊胃口。

「最近帶他二人去吃『沙拉吧』，一人份 380 元，付帳時，我問他們兄妹二人：「算算看，要付多少元？」二人異口同聲地回答：「借我紙和筆」，「沒有紙和筆」女兒答腔：「那就算不出來了」。事後我把這個問題拿到班上給同我女兒一樣讀二年級的數學課程實驗班（註 1）的小孩試做，發現這些平常不教算則（註 2）的小孩，居然都能說出自己的解法。」

「哦！那妳一定感慨萬千囉！」聽她的語氣，感染到了她的無奈。

「是啊！類似的事件，只差兩年，我女兒就變成不會解題，只會計算。我在想，小孩一進入小學，數學就變成了格式化的習，這到底對不對？幸好，妳要我帶實驗班，讓我看到小孩學數學，應該是從她自己的想法入手去解決問題，而不是從大人的角度去設想問題該如何解決。」

陳老師走後，留給我的疑惑是：到底是誰把小孩教笨了？你說呢？

貳、我的那一班～數學實驗班

一、解二進位的問題

　　我的那一班是個課程實驗班，唯一和普通班不同的是，他們所使用的數學教材，是教育部於民國 82 年才公佈的數學新課程；過了今年暑假，這些孩子就是五年級的學生了。

　　在一年級和四年級的時候，學校做過全年級的「瑞文氏智力測驗」（註 3），居然沒有半個資優生（亦即智商未達全年級百分等級的 P95 以上）。而在今年的暑假中，卻出現了一些可喜的現象：

　　7 月 11 日星期四上午，我回到學校上班，同事蘇老師告訴我：「鄔主任，四年一班有兩位學生，每天早上都會在教務處門口探頭探腦的，我問他們有什麼事？他們回答說，來看鄔主任，我再問，看鄔主任做什麼？他們答說：我們想她……」話未說完，孩子的頭又出現在教務處門口。

　　孩子喜孜孜的迎向我說：「鄔主任，您回來啦！」

　　「是啊！聽說你們每天來找我，有什麼事啊？」

　　其中一位胖嘟嘟的小男生說：「我們想你呀！想來看您哪！」

　　另一位一臉慧黠的小男生說：「我們有數學問題想跟您討

論。」

我逗著他們說：「兩個人說法不一樣，到底哪一個答案才是正確的？」

兩個孩子笑嘻嘻的說：「兩個答案都是正確的。」

「喔！鄔主任比較喜歡第一個答案。好，請問有什麼問題？」

「我們看完了『二進位數』（註4）這本書，其中有一頁全是符號紀錄，看不懂；那個紀錄是怎麼來的？」

「喔！請你找出來讓我看看，……好！在紀錄的第一頁，這些電燈泡的圖示是代表什麼意思，你們看得懂嗎？」

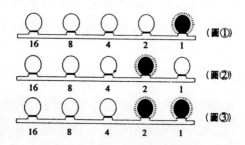

「看得懂啊！這個電燈泡亮了（圖①），就代表『1』，若是『2』的話，這個燈泡就會亮（圖②）；若是『3』的話，這兩個電燈泡都會亮（圖③），若是『4』……。」

「好，等一下，你剛才說亮一個燈泡表示『1』，那為什麼『2』也只亮一個燈泡？」

「燈泡亮的位置不一樣啊！因為二進位嘛！滿二就要進位了，所以『2』的時候就亮第二顆，第一顆不會亮。」

「假如兩顆都亮了，就是『1』和『2』合起來，就是『3』。」一直安靜在聽的小男生插嘴解釋說。

「嗯！你說『1』就是亮第一顆，『2』就是亮第二顆，第一顆不亮，是嗎？看看這邊的紀錄，和燈泡的亮、不亮，有什麼關係？想想看。」（如下表）

	8	4	2	1
第 1 排				1
第 2 排			1	0
第 3 排			1	1
第 4 排		1	0	0
第 5 排		1	0	1
第 6 排				
第 7 排				
第 8 排				

兩個孩子眼睛一亮，喊道：「我知道了，第一排的紀錄代表『1』，第二排的紀錄代表『2』，第三排的紀錄代表『3』……」

「爲什麼？」

「你看，第一排『1』的位置，好像燈泡亮了。第二排『1』的位置記錄著『0』，代表燈泡沒亮，『1』的位置代表燈泡亮了，對不對？」

「嗯！有點道理，那假如是『5』的話，該怎麼記錄呢？」

「記成『１０１』。」

「怎麼解釋？」

「表示『4』和『1』合起來，就是『5』嘛！」

「嗯！有道理，看看書裡的答案一不一樣？」

「吔！一樣！」

孩子帶著滿意的笑容，信心十足地走出教務處。

在一旁觀看的蘇老師，有感而發的說：「我以爲這種情節，只有外國電影上才看得見，沒想到真實的畫面，竟然在這裡上演。」

從上述師生互動的情景中，讓我們察覺到：

- 什麼叫做「主動學習」？
- 老師的角色，可以是朋友，可以是討論知識的朋友。
- 知識的獲得，老師不再扮演直接輸入者，而是協助學習者主動建構知識的鷹架角色。
- 老師的耐心與逐步引導，常是孩子解題過程中，最感安全的思考環境，也最容易嘗到解題成功的經驗。
- 成功的解題經驗，增強了個體求知的內在動機。
- 有強烈的內在求知動機與顯現外在的行爲，就是主動學習，如此良性循環，終身學習的理念才能真正落實。

二、合作思考

台南師院的游麗卿教授曾多次到該班觀察孩子上課的情形，課後也訪問過孩子們。

游問：「上數學課，喜歡嗎？」

生答：「喜歡！」

游問：「爲什麼喜歡？」

生答：「可以不必很死板的背、背、背，答案說錯沒關係，不會被罵，還可以討論。」

生答：「可以問問題，可以討論、發表、辯論。」

生答：「可以有不同的看法，討論比較深入。」

生答：「很有趣，好像在玩一樣，變化多多而且都很有道理。」

生答：「可以自由發表，不受限制，可以展現形象。」

生答：「接受同學質疑，可以刺激腦筋思考。」

游問：「那你們在討論問題時，希望不希望鄔主任告訴你們答案？」

生答：「不希望。」

游問：「爲什麼？」

生答：「我們的形象會受損壞，那表示我們不會思考。」

生答：「那表示我們不用討論，沒有腦力激盪。」

生答：「因爲這樣可以讓我們心中的問號自己解答。」

生答：「若是不能自己找答案，就不好玩了！」

生答：「這樣我們就沒有發揮想像力了，上課也就沒有意思了。」

生答：「因爲我想自己思考讓自己對數學更了解。」

生答：「因爲告訴你答案，就沒有挑戰性和趣味性了。」

生答：「可以展現自己的能力，等錯了，再接受別人的糾正。」

游教授事後對我說：「鄔老師，你應該感到欣慰，你的學生幾乎都能主動學習，主動探索答案，不怕失敗，這不就是你當初追求的目標嗎？」

是的，平常在上課時，看到孩子們專注於小組討論，甚至我組間巡視時擦身而過竟然視若無睹，這種群體似的解題活動，孩子們異常熱衷。旁人看來是一團吵雜，對他們而言卻是腦筋大啓動的時刻，透過意見交流加上肢體語言的溝通，以及各種圖象表徵的展現，孩子的思考獲得充分的發揮。

小組討論告一段落，各組的成品一一呈現在全班的眼前，每組爭著搶先發表自己的作品，唯恐落後失去演出的機會，經過一番割捨，老師終於選出值得討論的作品，在一片鼓掌聲中，雀屏中選的小組喜悅的跳上台。

又是說明，又是質疑，又是辯證，台上台下你來我往，交織著一片激辯氣氛，不輸立法院，可喜的是他們學會了君子之爭，未染上拳腳之鬥的惡習，每當台下有人舉手喊：「我有問題！」台上的發言者會不急不徐的說：「對不起，讓我先把這裡解說完，你再問問題，好不好？」。

這群孩子除了上課認真以外，最讓人感動的還有他們的「數學日記」，日記內容是敘述當天上數學課，同學的想法以及自己省思後的發現或疑問。有些小孩爲了日記，甚至會花上三、四個小時在上頭思考，從這些孩子的父母口中獲知，他們最用心做的功課竟然是寫數學日記。

當然我也從孩子的日記中看到他們的成長：用詞的貼切與流暢、文章的分段與完整，在在都顯現出孩子語文能力的增進。

但是最重要的不僅只這些，而是培養出孩子細心觀察的能力，他會仔細聽同學的發表及欣賞同學各種不同的解題方法；因此像整理、歸納、分析事理，批判思考等高層次的能力，也就慢慢地在他們的日記中發展出來。

其實我最大的收穫，應該是從日記中找到孩子形成數學概念的途徑及錯誤概念的所在。進而思索解決之道並做為下節上課提出新問題的來源。

三、簡化！簡化！（四1文華）

今天我們上了一節數學課，主要學的是「數學簡化」。

以下是我們這組的討論：

題目：999有12個，合起來是多少？

$$999 \times 12 = 11988$$

$$\begin{array}{r} 999 \\ \times\ 12 \\ \hline 11988 \end{array}$$

$$\begin{array}{r} 999 \\ \times\ \ 6 \\ \hline 5994 \\ \times\ \ 2 \\ \hline 11988 \end{array}$$

乃文的想法

$$\begin{array}{r} 999 \\ 999 \\ 999 \\ 999 \\ 999 \\ +\ \ 999 \\ \hline 54 \\ 540 \\ +\ 5400 \\ \hline 5994 \\ \times\ \ \ 2 \\ \hline 11988 \end{array}$$

請把乃文的想法「簡化」一些！

組長：「簡化過程後，你發現了什麼？有誰會回答？」

文華：「我會！我會！簡化過程後，我發現了 999×12 這麼大一個數，可用 999 × 6 × 2 來代表。可見，能不占太大的空間。」

組長：「嗯！有道理。不過，其他人有沒有意見？」

子葶：「沒有意見了。」

育婷：「我想好處是寫出來比較方便，可以節省一些計算時間。」

淑樺：「那壞處呢？」

子葶：「人家會看不懂你在說什麼。」

文華：「那是在過分簡化的時候吧。嘻！」

組長：「好了！這樣就可以讓文華代表出去講解了。」（完）

從文華的日記中，我們可以發現同儕互動所孕育出的民主式學習方式，每個人積極參與、溝通意見、相容相助、合作解題的情懷溢於文中。

讓小孩在愉悅的氣氛當中學習，提供彈性思考的空間去尋找合理正確的答案。這樣的學習環境及態度，一直是我經營這班所秉持的教育理念及追求自我實現的目標。

四、分麵包的問題

「鄔主任！我們想到你的辦公室討論數學，可以嗎？」爲首的小男孩，髮稍仍留著汗珠，笑嘻嘻的徵詢我的意見。

「當然可以啊！中飯吃了沒？」正在用餐的我順口問。

「吃過了，今天我們想討論第六題。」說完幾個頭已經湊在一起了。

「有滿意的結果，也要讓我分享分享喔！」

「沒問題！」他們頭也不抬地應聲回答我。

「數學解題」對這一群孩子（台北市東園國小四年一班的學生）而言不是什麼難題，在他們眼裡，任何問題只要透過討論，就可以迎刃而解。

據他們說，玩數學就好像玩躲避球一樣快樂，為什麼？因為玩數學可以動腦筋，可以跟同學討論、建立感情；玩躲避球，可以和同學玩在一起，也很快樂。我瞄了一下，他們今天討論的題目原來是：

有甲乙兩位好友一起去登山，在山頂上碰到一位山難者，甲拿出他準備的 6 條麵包，乙拿出 4 條，三人一起平分這 10 條麵包，吃完後，山難者拿出 1000 元給甲，乙對甲說：「你出 6 條麵包，我出 4 條麵包，所以你分 600 元，我分 400 元。」請問這樣分法合理嗎？為什麼？

沒多久，我聽到正傑的聲音：「嗯！合理！假如一條麵包100 元的話，甲出 6 條就是 600 元，乙出 4 條就是 400……。」

乃文搔著頭說：「我覺得你的說法有點怪怪的，我們到黑板那邊去圖解看看！」

「甲給山難者的麵包是 $2\frac{2}{3}$ 條，乙給山難者的麵包只有 $\frac{2}{3}$ 條，感覺上他們分錢的方法，好像不合理。」

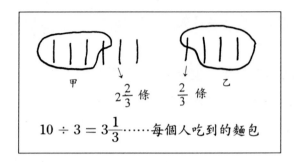

承瀚滿臉疑惑：「有什麼不合理？我還是看不出來！」

浩偉大叫一聲：「喔！我想出來了，我用畫圖的說給你們聽，我們先把一條麵包分成三等份，總共就是 30 等份，對不對？」

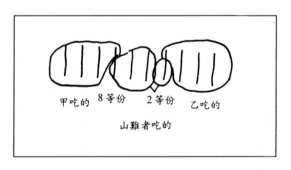

「甲吃掉10等份之後，剩下8等份給山難者，聽得懂嗎？」

佳修搖頭說：「還沒聽懂！」宗佑溫和的解說：「我知道浩偉的意思，甲不是帶了6條麵包嗎？假若每條分成3等份，是不是有18等份？他自己吃了10等份，剩下的就給山難者嘛！」

「那跟分錢有什麼關係？」佳修不解地提出質問。

浩偉急忙分辯：「有關係啊！我還沒講完，用同樣的方法，乙是不是分給山難者二等份？所以1000元分成10等份，甲應該

拿 8 份，也就是 800 元，乙拿 2 等份，就是 200 元，這樣分才合理！」

「爲什麼？我同意你 1000 元分成 10 等份，但甲出了 6 條麵包，應該拿 600 元，乙拿 400 元，這樣才合理。」正傑還是認爲自己的想法沒有錯。

「喂！請問自己吃自己帶來的麵包也要付錢啊？」乃文反問。

佳修不解的問：「這句話是什麼意思？」

嘉安胸有成竹地說：「好，我來舉例說明。山難者從甲那裡分到 8 等份，就好比向甲買 8 塊麵包的意思一樣，山難者總共分到 10 等份，對不對？其中 2 等份是乙給他的，就好像他向乙買 2 塊麵包一樣，你想他有 1000 元要付這 10 塊麵包的錢！假如是你，你會怎麼付才比較公平啊？」

「嗨！我懂了！」一群歡呼聲響起，結束了這題數學討論，孩子們心滿意足的奔向自己的教室，準備上下午的課。

像這樣的場景，幾乎每天中午都會出現，只是來的學生時多時少，老師要能耐得住他們的打擾。

也因爲平常上數學課就採用討論、質疑、辯證的方式，所以養成學生喜歡思考，喜歡問「爲什麼？」的求真態度。

我也常想：若是每位老師或家長都能讓孩子覺得學數學是在做中玩，是一種可以討論的思考活動；不是在尋找關鍵字求答，不是在講求算則的演練，那麼，我們的孩子一定可以活得更適切、更快樂些。當然了，在每個學校的校園裡，要發現小小的數

學家的身影一定比比皆是。

參、鄔主任，我說給您聽…

1993 年師鐸獎在台中市中山堂頒獎，有幸參與盛會，晚會是由名主持人瀤皓平先生和謝佳勳小姐共同主持，節目進行中，有一段對話頗耐人深思。簡述如下：

謝佳勳：「皓平，你求學時間前後花了二十多年，國內也讀、國外也讀，可不可以說說看國內國外的老師有什麼不一樣？」

瀤皓平：「印象最深的應該是在美國留學的那段日子，記得有回教授指定了許多篇文章，要我們回去看，下次討論時提出報告，我當然很努力把台灣學到的『背多分』精神拿出來應付囉！」

謝佳勳：「結果呢？」

瀤皓平：「輪到我報告時，信心十足的說：文章上康德說……、亞里士多德說……、柏拉圖說……，這時我發現對面的洋老師變成了『鄧麗君』！」

謝佳勳：「什麼意思？」

瀤皓平：「老師的兩隻眼睛像銅鈴似的瞪著我！」

謝佳勳：「他一定是訝異你背的功夫一流吧！」

瀤皓平：「等我一報告完，他說：『瀤皓平！你剛剛報告

的，文章上都有，我想聽的是：你怎麼說，不是別人怎麼說。』」

　　謝佳勳：「這下你可糗大了！」

　　聽完上述兩位主持人的對談，在座的我感慨良多，難道我們的教育只教會了孩子們如何記住知識，從不思考嗎？雖然是一段趣談，但類似的場景在我們的留學生身上倒是不難發現。

　　知識是可以主動建構的。要緊的是，老師如何提供一個適合學童們建構知識的環境。蘇俄社會心理學家維高斯基 Vygotsky 認為：「概念（知識）是社會化活動及個人心智活動下逐漸發展出來的；溝通與討論本身就是一種社會性思考活動。」

　　很顯然地，如何透過群體的討論，產生同儕互動與師生互動的學習方式，這樣的課堂變成是培養孩子會主動思考的搖籃。老師們若還是嚴守傳統式的教學法，恐怕孩子學到的還是一些記憶的技巧和考試的能力吧！或許這是家長們要的和支持的方法也說不定，因為有很多老師都這麼說。

　　我不知道家長和老師們欣賞不欣賞這樣的學生？我九月底正和孩子們討論四上除法問題，通常孩子們會把課堂上討論的情景及自己的想法寫在日記上告訴我。有位小孩在日記上寫著：鄔主任，我終於想出來了，為什麼 $\frac{3}{4}=\frac{75}{100}$。現在我說給您聽，請看：（如下表）

1	2	3	4	5	26	27	28	29	30
6	7	8	9	10	31	32	33	34	35
11	12	13	14	15	36	37	38	39	40
16	17	18	19	20	41	42	43	44	45
21	22	23	24	25	46	47	48	49	50
51	52	53	54	55	76	77	78	79	80
56	57	58	59	60	81	82	83	84	85
61	62	63	64	65	86	87	88	89	90
66	67	68	69	70	91	92	93	94	95
71	72	73	74	75	96	97	98	99	100

$$\frac{3}{4} = \frac{75}{100}$$

像這樣突然冒出一個看起來與教材進度無關的問題，在本校四年一班是常有的事情，也許他們已習慣於主動思考，但是我最感興趣的是，他怎麼會去弄一個這樣的題目來想呢？要談「分數」，三下時是學到了一些「真分數」，若正式談「等值分數」則要等到四下時才會接觸。照道理，這樣題目是超出他現在學習能力的範圍，也不是四上要討論的教材。但是一個小孩子能想出這麼漂亮的圖解法，倒是引起我的好奇，於是忍不住找他來問：

「佳修！你是從哪裡找來這個題目的？」

佳修：「有一天，我們到三樓自然科教室上課，經過五年級教室時，我看到有一班黑板上寫著：$\frac{3}{4} = \frac{75}{100}$，我就回去一直想，為什麼$\frac{3}{4} = \frac{75}{100}$呢？」

哦！可愛的孩子，我緊接著問：「那黑板上有沒有圖解

呢？」

「沒有，圖解是我自己想出來的。」

「哦！那你可不可以說一說圖解是什麼意思呢？」

「我會說！我會說！」這時圍在身旁的其他孩子搶著答。

佳修：「一塊方形蛋糕，切成四等份的話，每一等份就是四分之一，假如再把它切成更小塊，每一個四分之一，再切成二十五小塊，那麼四分之三就是七十五塊，所以四分之三和一百分之七十五一樣多。」

在一旁靜聽的子葶，突然走上講台說：「我有一個發現，我會說。佳修好像把一塊蛋糕平分成一百等份，所以一小塊也可以說是一百分之一塊。」

乃文跟著說：「喔！那二十五小塊合起來，就會跟四分之一塊一樣多了，對不對？所以一百分之二十五，也可以說是四分之一囉！」

看著孩子們熱切的在討論，我藉機提出另一問題，引發他們去思考。「要不要找幾個好朋友討論一下，四分之三除了和一百分之七十五一樣多外，還有沒有別的答案呢？」

數天後，有一組的小孩交給了我一張他們討論後的記錄紙，上面寫著：

和 $\frac{3}{4}$ 一樣多的分數

○ ○	○ ○	○○ ○○	4	4	5	5	6	6	7	7	8	8	9	9	10	10
○ ○	○ ○	○○ ○○	4	4	5	5	6	6	7	7	8	8	9	9	10	10

$$\frac{3}{4} \qquad \frac{6}{8} \qquad \frac{9}{12} \qquad \frac{12}{16} \qquad \frac{15}{20} \qquad \frac{18}{24} \qquad \frac{21}{28} \qquad \frac{24}{32} \qquad \frac{27}{36} \qquad \frac{30}{40}$$

發現：1. 和 $\frac{3}{4}$ 一樣多的分數有很多，還沒有寫完。

2. 它們都是 4 的倍數和 3 的倍數。

哇塞！五年級正在教的「擴分」和「約分」的道理，是不是也可以用這樣的想法來讓孩子們察覺呢？又例如：$\frac{25}{100}$ 和 $\frac{5}{20}$ 有什麼關係呢？也許在辨認「等值分數」時，這種兒童法是孩子們能接受的途徑吧！

肆、操場上那塊草地是不是半圓？

在操場上跑來跑去，也上過無數次的躲避球課，從來就沒注意到操場上那塊草地是不是半圓？反正考試也不會考這一題。可是有一天……。

我看到鄔主任和一群小朋友在司令台上討論數學，走過去一聽，覺得蠻新鮮蠻好玩的，比課本上的數學問題要有趣多了。

現在就請看看他們怎麼玩數學？

＊時間：82 年 10 月 13 日（星期三）下午 5：00

＊地點：東園國小操場

＊人物：文華（四年一班學生）、嘉安（四年一班學生）、志豪（四年一班學生）、舒琪（三年七班學生）、俊良（二年一班學生）、林桂英（自然科老師）、鄔瑞香（教務主任兼數學科教師）

＊場景：鄔主任和學校老師的小孩散坐在司令台上談數學

鄔：在你們眼睛所看到的校園範圍內，我們可不可以找到跟數學有關的問題？

華：有呀！像長度、高度、面積、圓形都可以啊！

琪：我想到一個問題了，我們可以量木棉樹的高度啊！

良：人要爬上樹啊！樹皮有刺不好爬耶！

華：不是啦！我猜舒琪的意思是看看樹有幾個人高，對不對？

琪：對，一個人當基本單位。

安：樹有幾個人高，要怎麼看？

華：好，現在請舒琪去站在木棉樹下，我把拳頭對準舒琪，當舒琪的身高和我的拳頭一樣高時，數一數拳頭數，就知道木棉樹有多高了。

豪：可是你這樣說，我還是不知道木棉樹有多高啊！

華：好，我們知道舒琪的身高是 100 公分，那木棉樹有 10 個拳頭高，也就是 10 個舒琪那麼高，懂吧！

（大家點點頭，文華繼續說）

所以 100 公分乘以 10 等於 1000 公分，也就是木棉樹的高大

　　約是 10 公尺吧！

安：那請問你，站在司令台上量和站在地面上量，答案會不會一
　　樣？

華：這個我就不知道了，要實地做做看。

鄔：很好，還可不可以再玩
　　另外一個題目？

安：鄔主任出個題目讓我們
　　玩，好不好？

鄔：你們看，操場上有二塊
　　草地像什麼？

齊聲：半圓！

鄔：你們確定是半圓嗎？要用什麼理由說服我？

琪：只要把兩個半圓合起來，就是一個圓了。

鄔：現在這兩個半圓草地又不能移動，我怎麼確定他們合起來就
　　是一個圓呢？

豪：圓有直徑、半徑、圓周，要是知道直徑相等，就可以了！

安：鄔主任要我們證明的是那塊草地是不是半圓？

華：喔！那可以從半徑來想。

（林桂英老師從桌球室朝操場走過來）

林：你們在討論什麼啊？

華：我們想證明那塊草地是不是半圓。

林：想出來了嗎？

華：想是想出來了，可是不確定行不行得通？

林：那就說出來給大家聽啊！

華：我們三年級的時候，鄔主任讓我們各組拿繩子到操場畫圓，
　　繩子代表半徑，所以只要拉繩子，看它畫出來的圓周有沒有
　　和草地的邊緣吻合，就可以證明了。

鄔：很好，那圓心在哪裡？

豪：直徑一半的地方就是圓心。

眾生：好，我們找圓心去。（奔向草地）

安：可以用我的球棒量直徑的長。

琪：也可以用腳步量。

華：我們兩種方法都用，可以省時，
　　嘉安你先用腳量量看球棒有多
　　長？

琪：三個半的腳長。

華：好，嘉安你用腳步量，舒琪幫忙
　　算，我和志豪到另一頭用球棒量。

華：我們量的結果是 18 個球棒長，所以是 18 乘以 3 等於 54，54
　　再加 18 的一半是 9，合起來是 63 步長。

琪：我們是 61 步長。

安：那圓心應該是 61 步再過去 1 步的地方。

豪：嗯，對，圓心在 62 步的地方，剛剛好！

華：好，再用球棒來量另一條半徑，
　　我們來量與直徑垂直的這一條
　　（甲），好不好？

林：爲什麼不量斜斜的這一條（乙）
　　，看起來這兩條半徑不一樣長嘛！

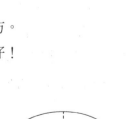

華：假如是半圓的話，半徑就會一樣
　　長。

林：為什麼半圓的話，半徑就會一樣
　　長？

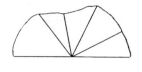

華：你看，假如半徑不一樣長，那畫出來的圓弧一定會歪七扭
　　八，不相信的話，你可以拿一個彆腳的圓規試試看，就知道
　　了！

豪：現在我要開始量了喔！

安：球棒接得不夠直，「歪來歪去」
　　，這樣量出來一定不準。

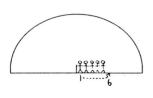

良：我想到一個好辦法，我們可以把
　　手張開接起來量。

華：嗯！好辦法，我們重新再量一次
　　半徑的長，大家把手張開伸直
　　喔！

良：只有五個人，不夠量耶！

安：沒關係，有辦法解決，現在請第一個人再去接第五個人的後
　　面，變成第六個人，第二個人再去接……。

豪：量好了，半徑是 10 個人的手臂長，再多出一隻手臂長。

華：好，原班人馬再來量草地上的半徑。

豪：咦！是不是不準？不然草地上的半徑怎麼只有 9 個人的手臂
　　長而已？

華：不是不準，是證明出來，這塊草地根本不是個標準的半圓。

豪：喔，我知道了！草地的半徑比較短。

這一幕戶外數學遊戲圖，每個孩子都玩得很盡興，他們把室內學到的數學知識應用到生活上，解決實際問題；數學上解題最講究的推理、驗證、批判思考等能力也在整個活動過程中，發揮得淋漓盡致。

假如小孩子從小就能給予這樣的學習經驗，相信數學就不再是那麼枯燥，也就不會變成孩子們長大後的夢魘。

◆後記

1992 年 8 月數學教育第七屆大會（ICME.7）在加拿大的魁北克市舉行，當時有位澳洲的數學教育家興起利用步道的方式，繪製一張兼具遊覽與數學解題的地圖，讓參與該年會的教授們，在參觀風景之餘，並能享受數學思考的快感。這項創舉讓曾參與盛會的台大數學系黃敏晃、朱建正兩位教授印象深刻，並將其精神攜回台灣，且利用台大校園景物設計了系列的數學解題活動，印成小冊子，名之為「椰林裡的秘密～台大數學步道」，凡參加過該項活動的家長與小孩，莫不回味無窮，津津樂道。

伍、民主殿堂

下課鐘聲響，孩子們的數學討論也告一段落，我習慣性地走到教室後與前來旁聽的家長交換教學心得。神采飛揚的我，正談得興致高昂時，耳旁忽傳來孩子的爭吵聲，訝異的抬起眼朝向發聲處看，一群孩子圍著兩個爭得面紅耳赤的孩子觀戰。

級任老師一臉愧疚地說：「抱歉！吵到你們了，待會兒我會處理的。」

我臨機一動接口說：「這是一個講道理的班級，不如讓他們全班來處理吧！」

老師點點頭，我和家長也相偕離去。

下班後，級任老師來到教務處，興奮地向我說：「鄔主任，你這一招，果然奏效，我真是大開眼界。」

原來在我們離去之後，老師即要求召開班會解決兩人的爭端。結果有部分的同學反對，理由是：不可以利用上課時間討論私人問題，剝奪大家學習的權利。但也有人贊成，理由是：這樣的公聽會有助於班級的和諧，及同學相互之間的瞭解，也等於是上了一堂生活倫理課。

最後經過表決，多數人認為這是重要的問題，值得花時間來全班討論。首先請當事者說明事態的經過。這時有人舉手發言：「要據實以告，不可加油添醋。」站在講台上的兩位當事者都同意了，其中一位小男生先說。

耀輝：「小娟用腳一直踢我的椅子，一直踢，一直踢，當然受不了嘛！」

小娟：「耀輝上課喜歡逗隔壁的同學，不尊重別人，我是組長，當然要警告他。他不但不聽勸告，還把我的鞋帶解下來，讓我不能走路，當然很生氣。」

耀輝：「可是她不能一生氣，就把我最心愛的數學日記撕破了啊！我不想原諒她，所以就用力推她的桌子。這一推，桌上的

眼鏡飛了出去，跌碎在地上了。」

小娟：「眼鏡破了，回家一定會被爸爸、媽媽罵，耀輝一定要賠我眼鏡！」

耀輝：「可是我最重要的日記被妳撕得破破爛爛的，妳要怎麼賠我啊？」

「好了，好了，現在讓我們聽聽大家的意見！」老師趕緊插嘴平息。

聽完二位當事者的報告後，想表示意見的人紛紛舉手，老師逐一請他們發言：

智：「我覺得當組長的人，不應該用這種方式領導組員，不夠尊重人。」

婷：「我認為耀輝也不夠尊重組長，要是他肯接受勸導的話，組長也不會一直踢他的椅子。」

仁：「我的建議是他們兩人應該培養容忍度，才不會那麼火爆。」

怡：「我認為耀輝應該賠錢給小娟去裝鏡片，免得她被罵。」

龍：「我不贊成怡的說法，因為兩人都有錯，一個把人家的簿子撕破了；一個把人家的眼鏡摔破了，所以我認為兩個人都要自我檢討。」

老師邊聽邊看著孩子們，發言的氣勢簡直就像電影的情節一樣震撼，不能小看他們，雖然只是十歲的小孩，說起話來卻既客觀又理性，老師本想做總結，後來念頭一轉，向同學說：「今天就討論到這裡，希望你們推派一位代表，做最後的評論。」

同學齊喊：「文華！文華！」

華：「謝謝大家的推舉！今天這場災禍的引發，導火線可以說是耀輝的不合作引起，但是當組長的最好要動點腦筋，多瞭解組員的心理，不要用小動作來管組員。這樣組員才會心服口服，合作無間。至於賠償問題，我個人認為小娟的眼鏡破了，是物質損失，可以用金錢來彌補，但是中村的簿子被撕破了，那裡面有他心血的結晶是精神的損失，是無價的，要如何賠償？」

文華的一番話，說得全班鴉雀無聲。過了一會兒，文華又說：「耀輝，我請問你，你把人家的眼鏡弄破了，願不願意賠？」

耀輝點點頭，說：「願意！」

文華又轉向小娟：「小娟，耀輝願意賠妳眼鏡，但妳也要答應耀輝的要求，賠償他的精神損失，才公平喔！」

小娟低頭不語。

文華又再補充說明：「小娟，只要耀輝提出多少要求，妳都要賠人家喔！因為精神損失是無法估價的。」

小娟一聽哭了起來，老師急忙說：「好！好！我們先謝謝文華的判決，剩下的讓他們兩人私下處理，好不好？」

中午吃飯的時候，有小朋友跑來告訴老師，他們兩人已經邊吃飯邊聊天了，而且也同意不要求對方賠償。

當我聽完老師的描述後，心中的大石頭卸下，也鬆了一口氣，除了對文華的說理技巧拍案叫絕外，也對自己的教學方式，交出滿意的成績單，感到欣慰。

陸、姑姪對話錄～打開數學教學的另一扇門

一、前言

　　民國 80 年 10 月底，「國小數學課程修訂，南部意見徵詢座談會」在高雄市教師中心舉行，所以前一天我先行南下，晚上就借住二弟家裡。

　　姊弟倆閒話家常，談到孩子的教育問題。二弟憂心忡忡的說：「姊！小汶從暑假就開始背九九乘法表，到現在已經兩個多月了，2 和 3 的乘法，還背不熟，看起來腦筋有問題，你有沒有什麼辦法？」

　　「我看是你有問題，乘法到二年級下學期，她的老師自然會教。現在才二上，你急什麼？小孩子會怕數學，你們這些大人真是罪魁禍首。」我微慍的教訓他。

　　「話不是這麼說，你是知道的，小汶是早產兒，七個月就落地，在保溫箱待了那麼久，好不容易才養活，身子也比較瘦弱，我總是擔心她到學校會被同學欺負；假如功課再不好的話，老師不喜歡她，這個孩子活得不快樂，我們做父母的會覺得有虧欠，心想讓她背九九乘法表，等到下學期老師教乘法時，她就能應付自如，不會趕不上進度。可是，沒想到她竟然會這麼差……」

　　二弟的一番自白讓我動容，一股憐惜之情，迫我急欲找這個孩子。我覺得讓孩子硬背九九乘法表而不懂其意，對孩子而言是

無趣的事，用自己的教法試教從具體活動中經驗倍數（乘法）的意義，看是否奏效。

「小汶呢？」我發現孩子不在客廳。

「小汶！姑姑找妳！」孩子的爸熱切地呼叫她。

「姑姑！我來了！」孩子高興地從臥房裡跑出來。這個大姑一向是個非常受歡迎的人物，每次從台北來，總不會忘記帶禮物給兩個小姪兒。

「小汶！姑姑給你和哥哥帶來拼圖和巧克力，你們可以一起玩拼圖，巧克力就分著吃。等會兒姑姑陪妳玩遊戲，好不好？」

「好啊！姑姑，我告訴您，媽媽說我正在換牙，不能吃巧克力，巧克力通通給哥哥吃好了。」說完張開嘴巴讓我看她的蛀牙，驗證她的話一點也不假，天真的童語，聽了真叫人心疼。

二、「掏豬公」玩「5」的乘法

「小汶！姑姑聽媽媽說，妳和哥哥都很乖，不亂花錢，媽媽、爸爸還有阿媽給的零用錢和獎金，都存起來了，是不是？」

「是啊！都放在豬公裡。」孩子得意的說。

「喔！拿得出來嗎？」

「可以，豬公的肚子下面有個洞，只要把塞子拿掉就行了。」

「真的？我們拿出來算算看有多少錢，好不好？」

「好啊！」孩子一轉身就不見了。我盤算著如何藉著五元硬幣，透過實際操作，讓孩子從數數、運算的過程中，瞭解乘法的意義。

「姑姑！豬公抱來了。」孩子哈腰抱著撲滿，挺重似的。

「嗯，看起來很肥喔！來，讓我們把它肚子裡的硬幣倒出來。」硬幣滾滿茶几。

「小汶，妳會不會把這些硬幣整理整理，讓我們感覺比較好數？」

「好！」孩子一邊撿，一邊把十元、五元的硬幣分開，堆成一大堆和一小堆。

「哇！十元的硬幣好多喔！我們先來數『十元』的好不好？」

小女孩一邊移動著硬幣，一邊唸：「10、20、30…50…90、100。」

我告訴小汶：「數到 100 後，就堆成一堆。」小女孩很小心的玩這個遊戲。

「姑姑！10 元的都堆完了。」

「很好，是不是都一樣高？檢查看看！」

小女孩歪斜著頭看了看說：「是！」順手把每堆硬幣的距離移近。

「告訴姑姑，這裡有多少錢？」

小女孩靜默了一會兒，回答：「900 元。」

「是嗎？妳是怎麼數的？」我輕聲地說著反問她。

「姑姑！您剛剛不是說：每堆只要堆到 100 元嗎，我就100、200、300、400、500、600、700、800、900，數完了就是900 元嘛！」

「喔！是是，謝謝妳提醒我。一堆是 100 元，那二堆呢？」

我故意問她。

「200 元啊！」很有自信地回答。

「那三堆呢？」我再追問。

「當然是 300 元啦！」她很肯定地回答我。

「很好！假如是 8 堆呢？」我故意不按順序地問她。

停了一下，眼睛看著桌上的十元硬幣，嘴唇蠕動著，然後告訴我：「姑姑，是不是 800 元？」聲音沒有先前那麼大。

「是啊！妳好聰明喔！」我趕緊給她鼓勵。

（利用錢幣教小孩子「幾個一數」是很好的道具，對數量感的培養也有一些幫助。）

「小汶，妳要不要數數看，五元的硬幣合起來是多少？」我試探她會不會五個一數。

「5、10、15、20………姑姑！合起來是 85 元。」孩子很輕鬆地數完 13 個五元硬幣。

「哇！妳好能幹，全都數對了。」稱讚是為了吸引她繼續回答下面的問題。

「『二個五元』比『一個五元』多多少？請妳排給姑姑看，好嗎？」我希望她能做『一對一』的對應比較。如右圖：

「多一個五元。」⑤

「對！那四個五元比三個五元多多少？」⑤⑤

「也是多一個五元…」⑤⑤⑤

「很好！那五個五元比四個五元多多少？」⑤⑤⑤⑤

．
．
．
．

「姑姑！五元硬幣不夠了，我要去向哥哥借！」

如此依序問下去，孩子一邊操作，一邊觀察，發問者只要有耐心，不難發現：孩子會自行察覺其中的規律變化。

「姑姑！好好玩喔！怎麼都是多一個五元呢？」

「是啊！假如二個五元是 10 元，那三個五元是多少呢？」我指著她排好的硬幣問。

「15 元啊！」回答得真流利。

「假如『五個五元』是 25 元，那麼『六個五元』是多少呢？」

「30 元！」想了一下，再回答。

「妳真厲害，姑姑考不倒妳！」摸摸她的頭，孩子的嘴角漾起了笑意。

到這裡，我想試試看：她能不能接受「操作←→式子」的雙向聯結。

「小汶！我們現在改玩寫的遊戲，好不好？」

「好啊！怎麼玩？」

「譬如說：5 元硬幣有一個是 5 元，就寫：$5 \times 1 = 5$，

　　　　　5 元硬幣有二個是 10 元，就寫：$5 \times 2 = 10$。」

　　　　　　　　⋮

我指著桌上的硬幣，一邊配合畫圖寫給她看、一邊說明：

⑤	$5 \times 1 = 5$	5 元硬幣有一個是 5 元
⑤⑤	$5 \times 2 = 10$	5 元硬幣有二個是 10 元
⑤⑤⑤	$5 \times 3 = 15$	5 元硬幣有三個是 15 元

⑤⑤⑤⑤　　$5 \times 4 = 20$　　　5 元硬幣有四個是 20 元
　　⋮　　　　　　　　　　　　　　⋮

「姑姑，我會寫，我在墊板上看過了。」孩子接過我的筆，繼續寫，不亦樂乎，只是不知是否瞭解其意？

我拿起紅筆，就她寫的式子中，圈出一個，問她：

「$5 \times 9 = 45$，小汶！妳會不會排這個式子給姑姑看？」

「會啊！」她排了九個五元的硬幣在桌上，問我：

「姑姑，是不是這樣？」

「哇！妳好棒喔！姑姑好喜歡妳！」讓她察覺自己的成功，也會帶給人快樂。

「姑姑！我們再玩好不好？」看來她是真的有興趣。

三、「畫眼睛」玩「2」的乘法

「小汶，人有幾個眼睛？」

「兩個。」

「妳會畫嗎？」我順手從牆上撕下一張過時的月曆紙，對摺幾次後，撕成小方塊，交給她。

「會，我可以在兩個眼睛裡面畫上黑珠珠嗎？」她徵求我的同意。

「當然可以，小汶的觀察力很強喔！」只要是值得讚美的，就不要吝嗇給她增強。

「姑姑！是不是通通要畫完？」

「夠了！夠了！等一下不夠再畫，小汶畫的人頭真可愛，都

是笑臉，沒有一個哭臉，妳把這些人頭排在桌子上，第一排放一個，第二排放二個，第三排放三個……，直到畫好的人頭紙片都排完，會不會？」我邊說邊示範。

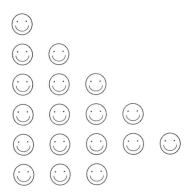

「姑姑！都排完了，好多眼睛喔！」很有成就感的樣子。

「嗯！真的，姑姑等一下也會幫忙畫幾個，再多排幾排。妳能不能告訴我，每一排的眼睛各有幾個？可以用手指著說。」

「第一排是 2 個，第二排是 4 個，第三排是 6 個，第四排是 8 個，第五排是 10 個，第六排是 12 個，第七排是 14 個，第八排是 16 個，第九排是 18 個，第十排是 20 個，完了，說完了。」她一口氣說完了十排的眼睛個數，中間沒什麼停頓，讓我感到訝異。

「哎啊！說得這麼溜，嚇死我了！」我誇張的語氣，逗得她樂不可支。

「小汶，假如人頭有十一排，那麼，眼睛會有多少個呢？」我趁勢探問。

「22 個。」她不假思索地回答。

「肯定嗎？」我微笑地問她。

她用力點點頭來回答我。

「妳怎麼算的？」我真想知道，這個被她父親判定為「差勁」的小孩，是怎麼開竅的。

「20 個眼睛，過來就是 22 個眼睛。」她順口回答我。

「什麼意思？小汶！妳可不可以再說清楚一點，姑姑聽不懂欸！」我裝著一付聽不懂的樣子。

她拿起筆來畫人頭，我也幫著畫，然後在第十一排的位置排了 11 個人頭，告訴我：

「11 個人頭比 10 個人頭多 1 個，所以是 22 個眼睛。」

看她這麼慎重的解說問題，我也正經地回答她：「謝謝妳！我知道了。」

（姑姪二人，一大一小，一路玩下去，孩子神采奕奕，好像不覺得累。）

我又逗她：「小汶！妳會不會把眼睛的遊戲，變成數字寫出來？」

「會啊！」她父親抓了一疊廢棄的電腦印表紙給我，我撕了一大張給她。

「姊！我記得小時候學乘法，老師和我們家的老爸一樣兒，都要我們先把九九乘法表背熟，若背不熟，打得還真可怕！」二弟看我跟她女兒，嘻嘻哈哈玩數學，有感而發。

再低頭看她女兒，簡直傻眼了。這個小女生寫了一長串的數字。

「姊！怎麼可能？小汶會做二位數的乘法？」二弟看了他女

```
2 × 1 = 2
2 × 2 = 4
2 × 3 = 6
2 × 4 = 8
2 × 5 = 10
2 × 6 = 12
2 × 7 = 14
2 × 8 = 16
2 × 9 = 18
2 × 10 = 20
2 × 11 = 22
2 × 12 = 24
2 × 13 = 26
2 × 14 = 28
2 × 15 = 30
```

兒寫出來的「2 的乘法式子」，無法相信。

「她當然不會做二位數的乘法，不過她倒是懂得 2 的倍數意義，不信，你可以抽問，請她說明。」

「小汶！『2 × 15 = 30』，是什麼意思？」

小汶從桌上拿了 15 張人頭紙片在手上，數著：「2、4、6、8、10、12、14、16、18、20、…… 28、30，一共是 30 個眼睛。」

二弟似乎想起了什麼，突然問他女兒：「小汶，二乘以七是多少？」

孩子想了想，說：「十四。」

二弟緊搖著我的手，說：「姊！妳真高明！在妳還沒來以前，小汶二乘以七老是背不出來。妳這一套是什麼方法？怎麼這麼有效？」

「叫做數學遊戲，老弟！你以後可要多陪陪你女兒玩玩數學，不要只會叫她背！」這個樂昏頭的父親，還是要來點當頭棒喝。

小女生開心地看著我跟她爸爸說話，我問她：「累了吧！要不要睡覺了？」

「不累，姑姑，還要再玩。」

「真的？明天會爬不起來上學喔！」

「真的，再玩一個就好了，好不好？姑姑！」小女生撒嬌地拉著我的毛衣外套。

四、「數羊」玩「4」的乘法

「好，那你告訴我，哪一種動物有四隻腳？」

「有好多種！」她轉身從書架上取了一本百科全書下來。翻開書中動物指給我看，並告訴我它們的名稱。

「真了不起！小汶，妳認識了好多動物，那妳會不會畫它們？」

「有的會，有的不會。」她又從書架上取下另一本書──動物速寫，書中的動物，都是幾筆畫就完成的。看來她平常在家裡也喜歡塗塗鴉。

「那就挑選妳會畫的，有四隻腳的動物，畫幾張出來玩，好不好？」

「好！姑姑！哥哥也很會畫，我們請哥哥來幫忙畫，好不好？」

「只要哥哥願意，當然好啊！」畫動物比起畫眼睛來得費時，若有兄長的協助，不但增加學習道具，還可增進兄妹感情。

兄妹倆決定畫「羊」，我沒意見，只有提醒他倆，羊的四隻腳，最好都能看得見。

哥哥體恤地對妹妹說：「妹！妳只要畫羊的腳就好了，剩下的我來畫。」從小就一再被叮嚀要保護妹妹的哥哥，在這裡倒是表露無遺。

桌上畫了一堆羊，我這次試著不按次序問：

「小汝！三隻羊有幾隻腳？」從桌上隨意取出三張「羊」給她。

我聽到細小的聲音：「4、8、9、10、11、12，姑姑！12 隻腳。」（算到第三張是採用一隻一隻累加的。）

「答對了！那四隻羊有幾隻腳？」

「2、4、6、8、10、12、14、16，有 16 隻腳。」仰起頭回答我。

我微笑點頭：「答對了！妳是怎麼數的？」我聽到她用「二個一數」的方法求答，覺得蠻好奇的。

「我把羊的腳分開來，二隻腳，二隻腳的數，就是這樣。」用手指著圖片，先指前腳二隻，再指後腳二隻。

在畫羊腳的過程中，她隱約掌握到 2 的乘法經驗，加以類化，而衍生出自己對「四個一數」的變通辦法。我想小孩子的思路，藉用圖像來協助其運作是非常重要的。

我試著把羊收起來，再問她：「八隻羊有幾隻腳？」

看著她把兩手交疊在大腿上，凝視前方，想了一會，把頭垂下，繼續想。過了一陣子，頭微動，發覺她用眼角偷瞄我，我微微一笑回應她。孩子的思路受阻，最擔心的是怕大人生氣，此時客廳的熱絡氣氛頓時凍僵了。我摸著孩子的臉，溫和的說：「姑姑知道妳會想出來的，不要急，這些羊借給妳用。」做父母或師

長的人，常以為孩子會做 4 隻羊有幾隻腳？就應該順理成章會做 8 隻羊有幾隻腳的運算活動，殊不知孩子在失去解題工具（可操作的物件）後並無法做抽象的運思，此際可見一般，大人可不慎思！

　　孩子把「羊」攤在桌上，數了一遍後，感覺沒把握，再把羊排成一排，重新再數。然後告訴我：「姑姑！是不是 32 隻腳？」

　　「是的！」我大聲回答，並把她擁在懷裡，兩個人前後搖動著，孩子咯咯地笑。

　　弟妹走過來告訴我：「大姊，都快十一點了，小汶從來沒這麼晚睡過，是不是可以結束了？」

　　「這就讓她去睡。」我為自己的放縱孩子，有點不安。

　　「咦！小汶，妳摺紙幹嘛？還不趕快去睡？」

　　「做盒子啊！我要把『人頭』和『羊』裝在盒子裡，姑姑！您明天回台北後，我還可以再拿出來自己玩啊！」

　　看著她整整齊齊的把桌上的小紙片，放進盒子裡，小小的身子小心翼翼的捧著走進臥房。我的眼眶一陣酸澀，孩子的舉止震撼了我，感動了我，原來我只要用點心設計，孩子是會主動想學習的。

五、結語

　　其實孩子就像塊璞玉，易雕易碎，因此，指導者的言行，攸關整個學習的成敗，常聽說老師的一言一語可以毀人，也可以救人。為了不要讓孩子心頭受傷，在活動進行中，要隨時注意孩子

的情緒反應，做爲學習內容及進度的調整。提出問題發問時，也要顧及孩子的接受能力及生活經驗，由淺入深，循序漸進。大人們應該謹記：讓兒童嘗到成功的喜悅，是建立信心的良藥；而適時的鼓勵，是人積極向上的原動力。對於兒童的獎勵，除了口頭稱讚外，肢體語言的使用有其功效，無妨多試之。

在幼兒及小學階段的數學教學，應該是：

操作⇄圖象⇄符號表示（雙向的連結）

孩子從操作中吸取經驗，進而會做圖象表徵，最後轉換成數學符號的表示；爲了驗證孩子是否真懂，當他看到數學符號時，也能利用圖象或操作來加以說明，這種教學方式是我們所樂見的，因爲學習的進階是有時間性的，急不得，不能爲了獲致結果，就省略過程。好比學「九九乘法」雖然最終目標是希望記住，但不能因此就死背九九乘法表，而不透過實物的操作或圖象表徵，這是捨本逐末的教法，無意義的學習。若是要讓我們的孩子覺得數學是有用的，是生活化的，是人際間溝通不可缺的工具，那麼，教學方式的改變就有其必要性。

┌ 附　註 ┐

1. 本校爲配合教育部新修訂之國小數學課程之實驗，於民國 81 年 9 月成立數學實驗班，採常態編班，教學內容乃使用板橋教師研習會數學科研發小組所編定之教材。教學方法係依據兒童認知發展，由兒童經驗出發，採多樣性解題策略。實驗過程分

三階段進行：低年級著重心理層面，以激發兒童喜歡數學、肯參與活動爲主；中年級著重社會層面，以人際溝通、答案的合理性爲主；高年級著重科學層面，以自學輔導、精緻性、講求效率爲主。

2. 這裡講的算則，指的是做整數或小數的加、減、乘、除計算時，筆算的固定格式。例如加法直式計算，$\begin{array}{r} 380 \\ +380 \\ \hline \end{array}$ 強調數的位置對齊，個位加個位，十位加十位，若超過 10，則進位到百位，依序類推。

3. 瑞文氏智力測驗係英國心理測驗學者、J.G.Raven 編訂，共分三種，依程度之不同，分別爲瑞文氏彩色非文字推理測驗，簡稱 CPM，實施對象爲一年級；瑞文氏非文字推理測驗，簡稱 SPM，實施對象爲四年級；瑞文氏高級圖形推理測驗，簡稱 APM，適合在大都會區用來鑑別少數資優生。

4. 二進位數，英文漢聲出版有限公司出版。

第四章
請還給我們孩子學習的信心

　　傳統的教學，容易養成孩子刻板化的思考，因為孩子要記憶很多知識、很多的策略，他是背誦別人的知識去回答別人的問題。所以孩子沒有獨立思考的習慣，遇到非例行性的問題，沒有自己設法解決問題的毅力，也沒有對問題做合理推理檢驗的能力。

　　假如教師或家長容許學生依照自己的能力去解題，學生就可以在解決問題的當中，獲得解決問題的喜悅與成就感。學生的動機被啟發了，學習潛能就會像源頭活水源源不絕。

是誰讓孩子的自信心喪失了，家長？老師？抑或社會？

英國數學教育家Skemp（1987）在研究中發現，死記和推理這兩種不同的教學方式，教出了兩種不同的數學學習模式：

──一為機械性（instrumental）了解；

──一為關係性（relational）了解。

台灣因為受到考試文化的影響，大部分的教學活動著重在機械性的瞭解，意即指導者只要把解題的方法告訴學習者，學習者在很快的時間內熟練解題技巧，即可拷貝到知識。

這樣的學習方式，好處在於遇到相同的題型易解題成功，但也有其盲點，是否思考的模式受到制式化後，比較缺乏彈性及發展性。

下面的案例在說明採用「機械性的瞭解」實施教學的現象。

對象是台北市東園國小三年級的小孩，同一個班級，共 29 人，他們在三年級下學期 5 月初時，學會了除法直式的計算方式，題型是「整數二位數除以一位數」。過了一個半月，在 6 月中旬時再測，題目是「把72元，平分給3人，每人可得幾元？」（引用自國立編譯館 85 年版國小數學課本第六冊第七單元除法 P73）發現全班的小孩，都採用同一種格式解題（如下），也都解題成功，由此可知老師的教學是非常成功的，學生也很乖，都學會了這種解題方式。

$$
\begin{array}{r}
24 \\
3\overline{)72} \\
6 \\
\hline
12 \\
12 \\
\hline
0
\end{array}
$$

答：每人可得 24 元

　　但是會了這種解題方式，是否就表示他瞭解算式背後的意義，及使用的技巧。

　　當我在不改變題型，只改變數目的情況下，重新命題再施測，結果有了一些變化，題目是這樣：把 72 元，平分給 12 人，每人可得幾元？

　　發現學生所使用的解題策略大致可分為下列幾種：

	解題策略	舉例	使用比率
成功的解題類型	1.圖象表徵	00000000000000000 00000000000000000 00000000000000000 00000000000000000 00000000000000000	3/29
	2.格式記錄	$\begin{array}{r} 6 \\ 12\overline{)72} \\ 72 \\ \hline 0 \end{array}$　　A：6元	4/29
	3.列式求答	$72 \div 12 = 6$ 　　　　A：6元	2/29
不成功的解題類型	1.格式記錄	$\begin{array}{r} 71 \\ 12\overline{)72} \\ 7 \\ \hline 2 \\ 2 \\ \hline 0 \end{array}$ or $\begin{array}{r} 34 \\ 12\overline{)72} \\ 6 \\ \hline 12 \\ 12 \\ \hline 0 \end{array}$	8/29
	2.合成策略	$\begin{array}{r} 72 \\ +\ 12 \\ \hline 84 \end{array}$　　A：84元	2/29

3.放棄求解	$\begin{array}{r} 72 \\ -\ 12 \\ \hline 60 \end{array}$ $\begin{array}{r} 58 \\ -\ 12 \\ \hline 46 \end{array}$	$\begin{array}{r} 60 \\ -\ 12 \\ \hline 58 \end{array}$ $\begin{array}{r} 46 \\ -\ 12 \\ \hline 34 \end{array}$ A：不會	3/29
4.空白			7/29

從上述案例中，提供了我們思索的一些問題：

一、模倣成功是否表示瞭解？

孩子學會了除法的格式化解題，對於解題過程所蘊含的意義是否掌握，也許並不那麼瞭解，可從 29 位測試者中有 20 位估商錯誤及不知如何下手解題為例，孩子們對於答案的合理性沒有約估及檢驗的能力，會做計算，但不知其所以然，以下面的例子說明：

【例一】　　　　【例二】　　　　【例三】

$$\begin{array}{r} 71 \\ 12\overline{)72} \\ 7 \\ \hline 2 \\ 2 \\ \hline 0 \end{array}$$

$$\begin{array}{r} 34 \\ 12\overline{)72} \\ 6 \\ \hline 12 \\ 12 \\ \hline 0 \end{array}$$

$$\begin{array}{r} 6 \\ 6\overline{)36} \\ 36 \\ \hline 0 \end{array} \quad \begin{array}{r} 6 \\ 6\overline{)36} \\ 36 \\ \hline 0 \end{array} \quad \begin{array}{r} 6 \\ +\ 6 \\ \hline 12 \end{array}$$

答：71元　　　答：34元　　　　答：12元

例一的學童，使用的解題技巧是除數的十位數先除，得商7，再用除數的個位去除剩下的2，得商1，所以答案是71元。

　　例二的學童,是先用除數的個位 2 去除,得商 3,再用除數的個位和十位的和 3,去除剩下的 12,得商 4,結果答案是 34。

　　例三的學童,看起來是個聰明的孩子,會先簡化問題,再解題,但因對解題過程的有效性,缺乏推理批判的能力,所以答案還是不合理。

　　我們可從例一和例二的孩童身上隱約察覺到,孩子自認套用了老師教給他的計算法則,把問題解決了,至於解題的過程是否有意義,恐怕他自己也不清楚。

二、唯一的解法,會不會導致功能固著,失去信心?

　　像這樣的解題方式——對於一個分配型的問題(把 72 平分成 12 等份,每一等份是 6)從成人的觀點,最有效率的解法就是把 12 當做一個單位,直接估出 12 的 6 倍是 72,問題是,這種特定的解法,若超過兒童的運思能力時,兒童變成胡拼亂湊,甚或失去學習的信心,就好比有小孩寫成 $\dfrac{\begin{array}{r}72\\+\ 12\end{array}}{84}$ 或乾脆寫「不會」兩個字。

　　當然也有一、二個小孩嘗試用自己能掌控方法去求解,但因對自己的想法缺乏自信,加上中途計算錯誤,又沒檢驗習慣,最後只好宣告放棄,多麼可惜!

三、想想……我們到底要教育出什麼樣的小孩?

　　讓他們感覺到:學習是有意義的、是有趣的,這樣的想法,

是不是教育者應該努力的目標呢？

　　以這樣的論點，來看另一種數學學習——關係性的瞭解，意即學習者對自己的解題歷程及結果，均能提出合理的解釋。從認知心理學的觀點而言，也可以說是後設認知（metacognition），學習者知道自己解題的來龍去脈及因果關係。

　　現在，讓我們看看採用關係性瞭解的小孩，如何解「把 72 元，平分給 12 人，每人可得幾元？」這個問題。而教學的前提是：以兒童的認知發展為考量的重點，尊重兒童的自然想法。

　　測試的對象是同校二年級的小孩，同一個班級，共 29 人，與三年級同一天施測，結果解題成功者27人，未完成者2人。成功的解題類型大致可分為如下：

1. 圖象表澂 （佔 15 ／ 29）

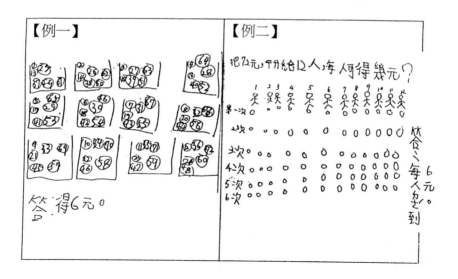

　　例一的小孩畫了 12 個框表示 12 個人，再依序一個一個分，用數字符號記錄分配的過程，從 1 記錄到 72，全部分完爲止，整個解題過程歷歷如目。對孩子而言，是有意義的、有趣的，是他願意做的。

　　例二的小孩，先畫了 12 個人像，再用文字符號輔助說明分配時圖象所表示的意義及解題的方法。由此觀之，孩子很清楚自己在做什麼及如何尋找答案。

2.圖象、算式記錄交互使用（佔 4／29）

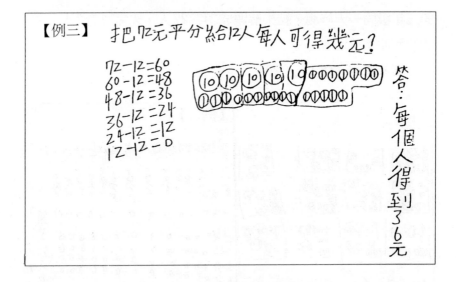

【例三】　把72元平分給12人每人可得幾元？

72-12=60
60-12=48
48-12=36
36-12=24
24-12=12
12-12=0

答：每個人得到了6元

　　例三的小孩，把解題的過程，用算式逐一記錄，再用圖示檢驗解題歷程及答案的合理性。這些小孩，透過再次的檢驗，對自己的解法及結果充滿自信。

3.算式記錄（佔 8／29）

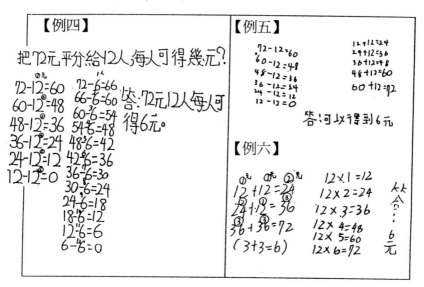

【例四】

把72元平分給12人每人可得幾元？

72-12=60　72-6=66
60-12=48　66-6=60　答:72元12人每人可
48-12=36　60-6=54　得6元。
36-12=24　54-6=48
24-12=12　48-6=42
12-12=0　42-6=36
　　　　　36-6=30
　　　　　30-6=24
　　　　　24-6=18
　　　　　18-6=12
　　　　　12-6=6
　　　　　6-6=0

【例五】

72-12=60　　12+12=24
60-12=48　　24+12=36
48-12=36　　36+12=48
36-12=24　　48+12=60
24-12=12　　60+12=72
12-12=0

答:可以得到6元

【例六】

12+12=24　　12×1=12
24+12=36　　12×2=24
36+36=72　　12×3=36
(3+3=6)　　12×4=48
　　　　　　12×5=60
　　　　　　12×6=72　合…6元

例四的孩子，採用累減的解題策略，交互檢驗解題歷程及結果的合理性，以增加答案的可信度。

例五的孩子，採用累減的解題策略，再用累加的方法檢驗解題歷程及結果的合理性。也是一種逆思考習慣的建立。

例六的孩子，採用較經濟化的累加策略解題，再用倍數的概念逐步檢查解題歷程及結果的合理性。隱約中估商的技巧在逐漸形成。

從上述的六種案例中，發現孩子解題的多樣性，不管用的是最原始的操作法，或是符號記錄、算式運思，皆能針對題意進行解題。且採用自己最有把握的策略，達到解題成功的目的，所以國小數學的教學，除兼顧個別差異的存在外，更重要的是建立兒童的解題信心。

第五章

啟發兒童學習的發動機

　　兒童主動建構知識的歷程當
中，老師是兒童學習的發動機。在
引發兒童學習的動機時，老師要對
兒童的認知狀態，有清楚的瞭解與
掌握，用心設計數學問題、引導學
生進行數學概念的澄清與辯證、以
及有意義的溝通、分享彼此解決問
題的方法、最後獲得創造（或發
現）知識的喜悅與快樂。

本篇文章最主要的目的，不是在分析建構主義的意義和不同學者的主張，而是在於詮釋建構主義的主張，對於現場的教學工作者產生了哪些啓發，這些啓發性的概念，在教學的現場又產生了那些行動，這些行動對於學生的解題活動又產生了那些影響？因此本文論述的焦點在於「描述並探討教師佈題的設計、學生合作解題的歷程、師生或同儕的交互辯證、兒童解題歷程的分析、以及數學解題類型內蘊化歷程的描述。」

壹、數學教室當中的發動機：談教學佈題

建構主義學者 von Glasersfeld（1991）認爲，知識不可能是預先準備好，等著從老師或父母的手中傳遞給學生；而是學習者主動地建立在他們的心靈。知識既然是學習者所自行建構，兒童必然成爲教學活動的主角，教師只是學習活動的引發者，而非教學活動的主導者。所以數學教師從傳統「解題者」（problem solver）的角色，成爲「佈題者」（problem poser）（甯自強，民82）。

從教學的現場來看，精彩的問題是引發學生解題最主要的動力（林文生，民85）。根據鄔瑞香主任現場教學的經驗，認爲教師的佈題活動要有下列三項特質：

1. 銜接學生的舊經驗（包括學習經驗或生活經驗），並引發學生解題的需要感（透過數學問題解決的學習，可以幫助學生解決生活上所面臨的問題）。

2.決定適當的內容及範圍（例如：被減數100以內，減數50以內的解題活動）。

3.師生共同合作來設計數學問題，增加解題的自發性及挑戰性（例如設計一道購買文具的題目，文具的價錢和文具的種類可以由學生參與來決定）。

現在以二年級上學期的數學課程：二位數以內的減法作案例，來說明教師佈題與學生解題活動的歷程：

師生共同建構問題情境：教學佈題

師：你們到文具商店，最常買的是什麼東西？

生：鉛筆啦！貼紙啦！飛機模型啦……………………

師：請小朋友幫忙畫在黑板上，並且定個價錢（學生在黑板上畫上鉛筆、貼紙、飛機等圖案並標上價錢），不要超過 50 元，現在鄔主任給每一組 55 元，買一種黑板上有的東西，請問還可以找回多少錢？（如照片一）

讓學生參與問題的設計有許多好處，首先是學生會將他們的生活經驗融入到問題的情境當中來；其次，是學生有被尊重的感覺，不會等待老師給題目，然後猜測老師所想要的答案。最重要的是師生共設的題目，都是非例行性的問題，不是學生已經具有的解題類型可以回答，因此學生必須要發揮他解題的創造思考，才能解決非例行性的問題。佈題完成之後，緊接著是學生的解題活動。

貳、吵雜之中進行有意義的溝通：談同儕的 合作解題

　　建構式的教學，經常是透過小組討論，藉由同儕團體的互動，以協助他們對於數學的瞭解（Susan, P. & Thomas, K., 1992）。在小組排列的方式下，兒童非常方便和隔鄰或對面的小朋友說話，而且兒童的自我意識又很強烈，會很喜歡去發表自己的想法。在共同討論之中，除了師生間互動外，更要有組間的互動（鍾靜，民84）。

　　本研究現場所進行的合作解題的模式，是以5-6人為一組，問題確定後，通常低年級的孩子，合作解題的歷程是：先發表各人的意見，再決定由一個人先在小黑板畫、或大家一起畫（如照片二），將問題的意思用圖畫表徵出來（如照片三），再將解題歷程用算式記錄方式呈現：55元先付10元，剩下45元，45元再付10元，剩下35元……（如照片四）。最後小組的成員說明解題過程及結果的記錄給全班聽「我們畫5個10元和1個5元來表示55元，把三個10和一個5畫掉，表示給老闆35元」（如照片五）。

　　在這裡我們必須特別說明，學生小組討論是在吵雜當中進行有意義的溝通。所以進行小組討論的教室是熱鬧的，甚至於有點吵雜，但是仔細一聽，學生與學生的對話是有意義的，他們正在針對問題做辯證、協商、並取得解題的共識。所以老師要注意的

是每位學生是否參與小組的對話，而不是學生是否守規矩。

參、激盪智慧的火花：談解題歷程的交互辯證

學生討論之後，要將他們的「共識」發表出來，發表的人，必須將他的解題歷程釐清整理一次。在釐清整理的同時，他的概念就自我辯證一次，如果這時的觀念還有問題，自己會馬上發現，並加以修正。等到發表出來，聽的人會加以「質疑」，對發表的人的意見加以修正，一直到全班取得共識為止。所以這個階段，可以說是辯證建構的階段。

Yackel、Cobb、Wood、Wheatley 和 Merkel（引自 Mary & Douglas，1992）等人指出，提供問題讓學生解決，許多的學習和知識的建構是透過社會互動，由老師和學生同儕共同參與解題。當學生有機會和老師及同儕產生互動的時候，他們會說出他們的想法（verbalize their thinking）為他們的解題解釋或辯護（justify their solutions）。因為要解決衝突，所以，學生有機會重新建立對問題的概念，擴展他們的概念結構，吸收（incorporate）不同的解題方式。

從照片五到照片七，我們要呈現的是學生質疑辯證的歷程。兒童建構的知識，如果缺乏同儕交互辯證的歷程，這時候的知識還是主觀的知識，等到和團體辯證之後，這時候的知識才能具有客觀的特質。這時所稱的客觀是相對於前面的主觀而言，是相對的客觀，而非絕對的客觀。

　　從照片五我們發現小組討論後，學生將他們的解題歷程說給全班聽：

　　「我們畫 5 個 10 元和 1 個 5 元來表示 55 元，把三個 10 和一個 5 畫掉，表示給老闆 35 元」

　　接下來照片六呈現的是學生提出質疑：

　　「請問這個 10 是什麼意思？是從哪裡來的？」

　　組員回答：「要買飛機模型裡面的錢」

　　學生：「還是聽不懂。」

　　組員補充說：「就是 35 元裡面的 10 元，滿意嗎？」

　　學生：「不滿意！」

　　組員再說明：「45 － 10 ＝ 35，是表示我們拿第二個 10 元給老闆，剩下 35 元，再拿第三個 10 元給老闆，剩下 25 元，還少了 5 元，再給老闆，就剩下 20 元。」

　　其它組員協助澄清補充說明：

　　「這裡有 3 個 10 和 1 個 5，是買飛機（模型）的錢，第三組這樣紀錄是讓我們看清楚他們付錢的方法。」

　　學生的解題活動經過師生或同儕的交互辯證，這時候課堂當中的解題活動暫時告一段落。雖然學生參與相同的解題活動，但是學生所建構的解題類型卻有很大的差異。以下筆者就從奇妙的發現之旅這個觀點，來分析學生解題的路徑差異。

肆、奇妙的發現之旅：學生解題歷程的分析

　　Piaget 認為教育是讓兒童主動去發明（to invent）或去發現（to discover）的歷程（Sinclair，1990），因為學生對於學習的發展經常充滿新鮮感。這些兒童的發明或創造，從成人的觀點來看，卻是學習的活動被學習者所重新創造的歷程（因為這些歷程可能別人已經經歷或使用過，但是對兒童來說卻是全新的經驗）。因此數學解題是學生的發現之旅，也可以說是知識再創造的活動。而這些活動經常是學生憑藉著教師所提供的真實物件（real objects）（如小黑板、粉筆或實物模型等）和思考物件（objects of thought）（數字、符號或文字）作為媒介，進行解題活動，重新組合、重新建構新的解題活動類型。現在筆者就以學生數學日記當中的實例來說明學生解題的發現與發明：

一、學生解題方法的發現

※題目：一顆蘋果賣 3 元，請問買 12 顆要付多少錢？
※做法：$(3 + 3 = 6)$，$(6 + 3 = 9)$，$(9 + 3 = 12)$，$(12 + 3 = 15)$，$(15 + 3 = 18)$，$(18 + 3 = 21)$，$(21 + 3 = 24)$，$(24 + 3 = 27)$，$(27 + 3 = 30)$，$(30 + 3 = 33)$，$(33 + 3 = 36)$。

個數	1	2	3	4	5	6	7	8	9	10	11	12
價錢（元）	3	6	9	12	15	18	21	24	27	30	33	36

發現：買 12 顆蘋果就是要付 36 元

——資料引自東園國小二年級，85、10、26 數學日記

二、學生解題方法的發明

※問題：（學生自己出題目）

一隻瓢蟲有 6 條腿，請問 6 隻瓢蟲有幾條腿呢？

※做法：假如一隻瓢蟲 5 條腿，那 6 隻瓢蟲就有 30 條腿。其實瓢蟲有 6 條腿，再加上少算的 6 條腿，就等於 36 條腿。

這兩個題目都是學生有趣的解題歷程，前者是教師命題、學生解題，最後學生發現了使用表格來歸納解題的歷程，讓解題的歷程更加清楚明白。後面的題目是學生自己命題、自己解題，整個歷程對學生來說，是一個發明。不管是發明或發現，學生的解題歷程對老師而言都是解題類型的再創造。

——資料引自東園國小二年級 85、09、27 數學日記

伍、打開學生數學解題的黑盒子：談學生數學概念的建構歷程

在本學年度所實施的數學新課程所指的數學概念，專指內蘊化的（interiorized）解題活動類型而言。解題活動類型的內蘊化，是指學習者透過數學解題活動的經驗階段，察覺階段到瞭解階段的歷程。

實施某具體解題活動以解決特定問題，進而建構數學概念，此稱之為「經驗」階段。經驗：例如學生知道 55 元花掉了 35 元，是花掉了（五個 10 元和一個 5 元）當中的（三個 10 元和一個 5 元），最後剩下（兩個 10 元），就是 20 元。當該具體解題活動一再被重複實施，並達到沒有感覺活動材料（sensori-motor materials），而解題者仍能以自行提供的感覺活動材料進行特定類型問題的解題時，則稱該解題者已達「察覺」某數學概念的階段。此時解題者可以成功地解題，但仍說不出「所以然」來。若解題者不但可以直接透過心智解決問題，並進一步說明何以「解題的活動類型」有效，則此時稱該解題者已達「瞭解」的階段（甯自強，民 82）。（例如上述的解題活動，學生不但知道花掉 35 元，是花掉 3 個 10 元和一個 5 元，而且知道這三個 10 元和一個 5 元是代表購買飛機模型的錢，所拆開的結果。所以這樣的解題類型可以有效地解決問題。）

建構主義的教學模式其實是不存在的，最好的教學模式是教

師自我建構的結果。本教學個案的分析，是希望藉由數學教育現場教師的一些對話，引發老師對於自我教學模式的一些省思，進而站在兒童主動建構數學概念的觀點，和學生共同建構美好的學習活動。

附錄

照片㈠：師生共同佈題

（學生將問題轉化成圖形表徵）

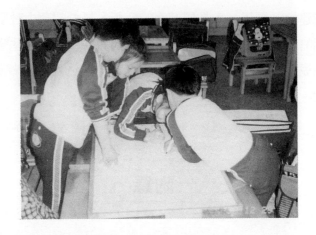

照片㈡：合作解題

（小組討論如何把想法記錄下來）

照片㈢：利用圖象說明題意

照片㈣：把解題歷程用算式方式呈現

照片㈤：小組成員說明解題過程及結果的記錄給全班同學聽

照片㈥：質疑辯證（組員答詢）

照片㈦：質疑辯證（其它組員補充説明）

❖參考文獻❖

林文生（民85）：一位國小數學教師佈題情境及其對學生解題
　　交互影響之分析研究。國立台北師範學院國民教育研究所碩
　　士論文。

甯自強（民82）：經驗、覺察、及瞭解在課程中的意義──由
　　根本建構主義的觀點來看──。論文發表於國小數理科教育
　　學數研討會。台東市台東師範學院六月五日。

鍾靜（民84）：小學低年級數學新課程之實施現況。論文發表
　　於八十三學年度國民小學新課程數學科研討會，臺灣省國民
　　學校教師研習會二月十四日。

Mary, K. & Douglas, D.A. (1992). Mathematics teaching practives
　　and their effects. In D.A. Grouws (Ed.), *Handbook of Research
　　on Mathematics Teaching and Learning,* pp.115-126. New York:
　　Macmilian Pub.

Sicclair, H. (1990). Learning: The interactive recreation of knowel-
　　edge. In L.P. Steffe & T. Wood (Eds.), *Transforming Children's
　　Mathematics Education,* pp.19-30. Hillsdale, NJ: Lawrence Er-
　　ibaum Associates.

Susan, P., & Thomas, K. (1992). Creating constructivist environ-
　　ments and constructing creative mathematics. *Educational
　　Studies in Mathematics 23,* 505-528.

von Glasersfeld, E. (1991). *Radical Constructivism in Mathematics
　　Education.* Netherlands: Kluwer Academic Publishers.

第六章

歡欣的學校、快樂的學習

蜜源的植物，容易招蜂引蝶；清澈的溪流，孕育螢火蟲的成長。學習的潛能，不是外塑力量所形成的結果，而是內在學習動機，受到情境的鼓舞；原始的潛能，受到情境的激發，所發揮出來的力量。

沒有一位成功的科學家是被教出來的，他的成功是來自於研究興趣被引發，形成如排山倒海、驚濤拍岸般的力量。

因此，教育不只是傳遞零碎的知識，更重要的是，要將孩子內在的學習動機引發出來。

學習需要一個溫暖、自由、開放而有趣的情境，才能將孩子的潛能誘發出來。

本文的內容，筆者不是否定認知的重要，而是強調透過情境誘發的歷程，認知的結果會更長久而有效。

壹、序曲

　　當我第一次閱讀到尼爾的《夏山學校》，和《窗口邊的豆豆》這兩本書的時候，對於他們學校當中，以提供學生自由和彈性的課程，來培養學生成為全人格教育的學生，心中有無限地嚮往。幾年以後，台灣的政治解嚴了，僵化的教育開始解凍，教育天地裏的寒冬，逐漸露出和煦的陽光。多元的社會，為開放教育孕育了肥沃的土壤，在這片教育的沃土當中，許多辛勤的老師開始實踐人本主義的教育理想，充當園丁，在這裡播種、實驗、灌溉、施肥，終於有了豐碩的成果。

　　除了人本主義對教育所懷抱的愛與理想之外，如何將這份偉大理想付諸實現，建構主義提供了由學習者主動建構知識的觀點，在建構主義的主張下，開放教育的內容不再只強調情意的內容，同時也兼顧學生的認知需求。只是，建構主義的認知是以情意為動力，由學習者主動建構的，是情境與認知的融合。這樣的主張不但契合開放教育的精神，同時也符合社會的脈動。這種主張是開放與傳統接續的橋樑，是現代與未來相連的臍帶。本篇文章，筆者將站在建構主義的觀點，從文獻當中摘錄國內外和情意教學有關的方案，以及筆者參與數學科新課程實驗過程當中實際發生的案例，來探討開放的情境，如何孕育出美好的情感教育，而美好的情感教育又如何促進學生知識的建構。

貳、讓聽眾當主角

建構主義是繼人本主義之後，對兒童學習的歷程，做更積極地主張，他們認為，知識是由學習者主動建構的結果，而不是由外界所施予。知識既然是認知的主體主動建構的，認知的歷程必然包含認知主體的價值判斷，以及情感因素。

什麼是建構主義呢？Kilpartrick（1987，p.8；引自楊瑞智，民83）認為：Vico 是第一個形成建構主義者。Vico 的名言是：「The true is the same as the made.」正如 Herder 所說：「我們住在自己所創造的世界裡」（Leahey，1987；引自楊瑞智，民83）。從建構主義的觀點，知識的目標不可能在傳統的「真實」，而是關心建構的路徑，思考深不可測、開放的「實在」。

建構論者（constructivists）認為現實是主觀的，是由人的心智所創造出來（Gallagher，1991；楊榮祥譯，民82）。誠如 Thomas（引自孫振青，民79）所說的：「知識是人的內在活動，這個活動是由主體出發，並且存留在主體之內，因此它必然帶有主觀的特徵。他說：『被認知的對象是依照認知者的模式存在於認知者之內。』又說：『凡被接受的東西都是按照接受者的模式被接受。』」

建構主義的主張，並不是以產生簡單邏輯性知識（monological knowledge）為起點，相反地，它對於瞭解形成個人與交互主觀性（intersubjective）意義的溝通與互動的符號模式有很深

的興趣（Giroux，1983）。他們認爲有效教學不只在問：「教師爲學生做了什麼？」而更注意教師與學生在教室、實驗室、或其它場所，怎樣構成一個密切的互動關係（Gallagher，1991；引自楊榮祥譯，民82），在這個主張影響下，「意義」成爲教學的重心。只有人類能根據觀察，將觀察結果意義化，也有能力分享其所意義化的結果（share meaning）（Gallagher，1991；引自楊榮祥譯，民82）。

在建構主義派典的影響下，教師從傳統的「傳道、授業、解惑」轉變爲教學情境的佈置者、情感教育的引導者。希望透過溫暖的學習氣氛，開發學生的潛能；透過美好的學習經驗，來建構他們的知識概念。學生與同儕的關係從競爭轉向合作，學習不再只是獲得正確的知識，同時也在學習與別人合作的技巧，分享學習的意義。

參、開放的情境，溫暖的心靈

建構主義學者，對於兒童的學習有兩項基本假定（Kilpartric，1987）：

一、認知的主體所獲得的知識，是個人內心主動建構的，而非被動地承受外界施予。

二、認知的過程是調適、組織其內在的經驗世界，而非發現心靈之外的獨立世界。

教育的目的，是在引發學生內在的學習潛能，也就是

Vygotsky（1978）所說的潛在發展區（zone of proximal develop-ment），Vygotsky 把潛在發展區界定在那些尚未成熟，但已在成熟的進程中（in the process of maturation）的功能，明天會成熟，但目前仍在一種萌發狀態，這些功能可以稱爲發展的蓓蕾或花朵，而不是發展的果實。

　　潛在發展區會因爲外在環境的協助和刺激而不斷地提升發展，就像爬藤類植物，需要外在的鷹架才能繼續往上生長。而老師、家長或比較有能力的同學，就是最好的鷹架。老師主要的工作就是營造一個適宜學生潛能發展的環境，這樣的環境是開放、自由、溫暖、而且充滿包容與諒解。這樣的環境通常具備下列三項特質：

一、溫暖的學習環境

　　一個溫暖的學習環境是一個無障礙的學習空間。無障礙的學習空間包括沒有物理的障礙和心靈的障礙。學校之中除了有形的校園建築之外，還有無形的心靈建築。如圖 6-1，虛線的部份代表學習的情境，實線的部份代表教學的目標和策略。前者是情意的，是校園裡的心靈建築；後者是認知和發現團體的合作學習，除了有效的認知策略和技能之外，還要溫暖的人際關係、彼此的信任，對於不同文化和尊嚴的相互尊重，把每一個人都看作是獨立的學習者，最後還要將學習當作團體合作的歷程。合作的學習，要培養學生的相互依賴感，像打橋牌一般，必須要依賴別人打出牌，遊戲才能繼續（Joyce et al, 1992）。學生的合作動機是由外往內的，如果給予學生的任務，都是一個人可以單獨完成

的，他的合作動機自然不會強烈。如果問題的解決必須仰賴別人的協助才能完成，並且可以從中獲得學習的樂趣，那麼學生合作學習的進程自然樂此不疲。因此，營造學習的環境，第二個策略便是讓學生分享學習的意義與樂趣。

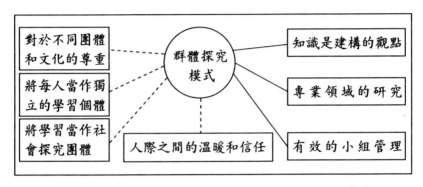

…… 虛線代表教養的結果
—— 實線代表教學的結果

圖 6-1 教學的和教養的情境對團體學習模式的影響

(引自 Joyce et al, 1992)

二、創造學生分享意義與樂趣的環境

學習如果沒有意義，學生就沒有成長；學習如果缺乏樂趣，學生就減少了動力。如果從 Vygotsky（1978）的觀點來看，心智是社會的產物，並且是一種活動的形式，開始是由兩個人來共享（藉著溝通），之後因為心理上的發展而成為個人的行為形式。每個個體（individual）都是個人（personal）社會經驗下的產物，而語言在個體社會化的歷程中扮演著穿針引線的工作。在班

級的社會的教學環境和學生的內在知識（internal resources），內在語言發揮界面（interface）的功能。而引發內在語言的運作，則需要仰賴一些需要解決的問題，或具有挑戰性的工作（Good，Mulryan & McCaslin，1992）。因此，良好的問題情境是引發學生解題的動機，也是促進內在語言社會運作的動力。

開放教育的教學情境，把教學當成「溝通」，視為人與人之間的對話。對話的過程中，說話的主體必須將內在的思考轉化成可以溝通的語言，讓對方瞭解；而對話的客體，也必須站在說話者的立場分享說話者的意義。對話的過程是交互主觀性，對話的瞭解卻是彼此的同理心。老師的角色不但是一位良好的聽眾，要引導學生正確地表達其內在的思想，同時也要指導學生傾聽別人的發表。很多時候，情感教育是經由學生的語言互動和行動來完成的。

三、建立學生學習的信心

數學教育家 Skemp（1989）發現我們的學習，都發生在已經具備的能力，和尚未發展的能力間的臨界地帶（如圖 6-2）。在我們有能力馳騁的領域，我們會感到自信和安全；但在這領域以外的地方，我們會感到挫折和不安。領域的內外邊界通常不是清楚畫分的，我們所面對的是一個產生混合情緒的邊疆地帶。學習可以視為將邊疆地帶納入固定版圖的過程，因此學習是在邊疆地帶發生的。因此，當學習在邊疆地帶發生，便有可能產生混合情緒；如果負面情緒較強，便會放棄學習，如果對於學習的內容有信心，則學習的情緒是正面的，學習者比較容易突破困難。

我們的能力範圍之外

邊疆地帶

已經確立的範圍（信心與安全）

混合情緒

不安與不安全

圖 6-2　情緒對學習的影響（引自 Skemp, 1989）

　　國內的實徵研究也發現：如果老師提供的問題可以銜接學生的舊經驗，學生的學習信心會比較高昂，比較容易解決問題；如果老師提供的問題太難，則部份的學生容易喪失解題的信心（林文生，民85）。

肆、美好的情境，生動的樂章

　　越來越多的的研究人員相信，情感教育比較適合在大團體（像整個班級）實施（黃月霞，民78）。因此，筆者認為情感教育係融合在一般課程當中運作的課程，而不是從一般課程當中抽離出來的輔導活動。從國內外的研究文獻當中，也可以發現融合了情感教育與認知學習的教學方案，這些方案的精神和國內所實施的開放教育目標相當一致。希望透過這些教學策略的分析探

討，做為開放教育發展情感教育時的參考：

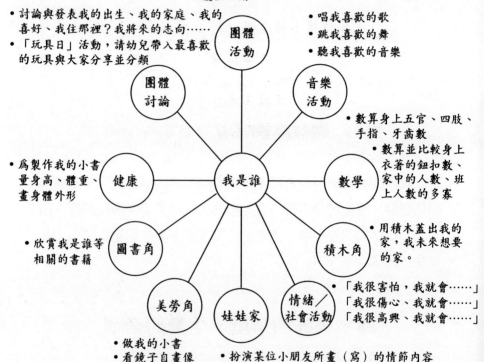

● 猜猜看這是誰（將相片放大，並切割成數拼圖）
● 慶生活動

● 討論與發表我的出生、我的家庭、我的
喜好、我住那裡？我將來的志向……
● 「玩具日」活動，請幼兒帶入最喜歡
的玩具與大家分享並分類

團體
活動

● 唱我喜歡的歌
● 跳我喜歡的舞
● 聽我喜歡的音樂

團體
討論

音樂
活動

● 數算身上五官、四肢、
手指、牙齒數
　　● 數算並比較身上
　　衣著的鈕扣數、
　　家中的人數、班
　　上人數的多寡

● 為製作我的小書
量身高、體重、
畫身體外形

健康

我是誰

數學

● 欣賞我是誰等
相關的書籍

圖書角

積木角

● 用積木蓋出我的
家，我未來想要
的家。

美勞角

娃娃家

情緒／
社會活動

「我很害怕，我就會……」
「我很傷心、我就會……」
「我很高興、我就會……」

● 做我的小書
● 看鏡子自畫像
● 用黏土雕塑我的
家、我自己的雕像

● 扮演某位小朋友所畫（寫）的情節內容
● 扮演「我的未來」戲劇活動

圖 6-3　統整性課程設計：以情感教育為單元主題

（節錄自周淑惠，民 84）

一、統整性的課程設計（周淑惠，民 84）：

統整性課程是符合全人格發展的需要，例如認知、語文、體能、情緒、音樂等是唇齒相依、相互影響的。因此開放教育的課程應該順應兒童的個性發展，以一個學習概念為主軸，統整各科的學習，如圖6-3。從圖6-3可以發現，在統整的課程中，學習是認知、技能與情意的統合。學習的單元目標雖然是認知，學習的動力卻是情意，而學習的過程則是遊戲。統整的課程感覺好像是均衡的食物，目標在於塑造一個完整的個人。

二、「向藝術推進」（Arts PROPEL）課程方案

向藝術推進課程方案，是美國哈佛大學和教育測驗中心（Education Testing Service）及匹茲堡公立學校共同合作的五年研究計畫，由名稱可以看出這個計畫的重心是藝術課程，尤其是音樂、視覺藝術和想像力寫作。而這個字頭所組成的縮寫名稱，即代表他們致力於教導的綜合體：藝術創作者（producer），例如作曲家或劇作家；感受者（perceiver），是指對藝術的形式有敏銳辨別能力的人；省思者（reflector），是指能反省思考自己的藝術活動，或他人之藝術作品並加以評鑑的人，換言之即評論家。

這個方案的主軸概念，是將藝術的情感教育當作學習者主動建構的「理解」，而非模仿大師或名家的作品。在藝術的領域裡，「理解者」是指能優游自在於各種不同立場的人，就好像理解科學的人一樣，能夠交替運用各種不同的了解或表徵方式，來

扮演實驗家、理論家、以及自我批判或批判他人等不同的角色。

「向藝術推進課程」又可以細分為兩個獨立執行的方案，第一個是「領域方案」（domain project）。這是根據學科的中心概念或作法所延伸的課程系列，例如包括視覺藝術的創作、音樂的排演、為想像力豐富的作品撰寫開場白。在為期數日到數週的「領域方案」裏，學生會以各種不同的方式來接觸中心作法，並且有很多機會來採取創作、感受、和省思的立場。學生也會遭遇到很多評量的機會──自我評量、其他同學的評量、老師的評量，以及校外專家的評量。

「領域方案」是以數個適合於這個領域的層面來評量，並且發展量表來作為評量學生顯現哪些能力的工具。因此學生成為有省思能力的學徒，能判斷自己繪畫創作概念的程度，能判斷聆聽排演時自己欣賞能力的高低，能判斷自己所寫劇本之開場白的遣詞用句與人物的個性發展是否成功等。在以上各個領域，比較成熟精緻的表現，會超越刻板的概念和行為表現，並且產生更複雜的藝術觀。

另一個方案叫作「歷程檔案」（process-folio）。「歷程檔案」顧名思義代表學生在發展設計活動、產品、或藝術作品時，歷經各個步驟和階段上所做的努力。一份完整的學生歷程檔案包括：最初的腦力激盪點子、早期的草圖和第一次構想確定之關鍵時刻的明細記錄；對其有直接或間接影響的他人作品，不管是正面的或負面的影響；自我批評、同學的批評、名師和校外專家的批評。

「歷程檔案」可以幫助每一個藝術創作者有機會來記錄歷程

檔案，並且讓其發揮力量成為省思進步與退步的動力（Gardner,
1991；陳瓊森、汪益譯，民 84）。

　　向藝術推進方案課程，融合了人類與生俱來的感受力、創造
力和自我省思。因此，藝術創作不但是技術的模仿、自我情感的
表徵，更重要的是透過別人的建議和自我創作歷程的紀錄，提升
創作的風格和品味。藝術教育的極致，是人我的融合，是社會建
構的。這個方案很適合引進我們開放教育的領域，作為藝術教
育，或情意教育實施的藍本。因為開放教育有了硬體的改變之
後，再來就是需要一套比較系統性的教學方案，作為課程運作的
主軸。向藝術推進方案，不但注意個人情感的表現，更讓學生感
受到藝術也要兼顧到欣賞者的觀點，藝術是不斷驗證之後的自我
提升。

三、尼爾《夏山學校》的演戲之夜

　　尼爾對今日學校教育偏重於智育而忽略了情意教育，相當不
滿。雖然他並未反對智育的價值，但若兩者相較，尼爾更珍惜情
意教育的價值。他說：「我覺得在不自由教育下的人不能痛快的
生活，那種教育完全忽略生命中的情感生活；因為這些情感是動
態的，假如只發展頭腦而壓抑感情，生命便失去活力而變得沒有
價值；如果情感得以自由發展，心智自然也會成熟發展」（盧美
貴，民 79）。

　　尼爾認為演戲是教育上很重要的一部份。每個星期天，大夥
兒吃過晚飯，這個時間就是夏山「角色扮演」的時間，亦即「演
戲之夜」。學校的傳統是只演夏山的孩子們自己寫的劇本，只有

在青黃不接時才演教職員寫的。在夏山演戲要有一種把自己和別人合而爲一的能力，如果只是一味的表現自己，那樣的演員就不會受到大家的歡迎。此外，剽竊他人的劇本，馬上會被冠以「抄襲者」或「騙子」的罪名；演戲的情境是絕對開放的，孩子們可以自由自在地扮演各種活動，不用害怕會被取笑，當有創新花招或奇想時，孩子們總是狂歡喝采、捧腹大笑（盧美貴，民79）。

歡笑是兒童最美麗的語言，在尼爾的夏山學校，感覺得到校園裡是充滿歡笑的。日本在前一次的課程改革，也提出了「寬裕的課程、歡欣的學校、快樂的教室」這樣主張。國內的課程改革雖然起步較晚，但是在民間的鼓吹、政府的努力下，開放教育也有不錯的成績。下一章筆者將從國內的實務經驗來看國內的教師，如何應用巧妙的課程設計，讓情感教育滲透到不同的課程，成爲成長與學習的動力。

伍、歡欣的學校，快樂的教室

筆者這兩年來有機會參與數學科新課程的實驗工作，也走訪了一些學校，看到了站在課程改革第一線的教師們發揮他們的創意，設計一些生動活潑的課程，來引導學生親近數學、喜歡數學。最後我們發現「建構式」的數學教學，不單單是認知，更有大部份的情感教育在其中，要引導學生建構數學概念，必須要結合班級經營的理念，引發他們的學習動機。以下筆者就嘗試以實

際的案例來說明，在開放的道路上，情感教育如何實施。

一、椰林裡的秘密

　　椰林裡的秘密是臺大數學系教授黃敏晃和朱建正兩位先生，為國內兒童編寫的第一本數學學習步道。內容以臺大校園為背景，希望孩子的數學學習能夠走出教室，讓孩子在生活中學習數學，在遊戲中經驗數學，在欣賞中覺察數學。數學步道是一項親子活動，目的在引發學生數學解題的興趣，是情意導向的，因此作者在序言中給讀者四點建議：「 *1.* 和孩子平等對談， *2.* 不要急於指導， *3.* 重方法而不要太計較答案， *4.* 重經驗而不講求效率」。後來台北縣的三光國民小學也在謝校長的推動下，編寫了低、中、高三種不同的學習步道。聽謝校長說，數學步道引起學生和家長深厚的學習興趣。有的家長還特地利用上班前和下班後的時間來練習數學步道的題目。數學步道對於教學至少有以下三種意義。

㈠步道的內容隱含著生活文化

　　每一種學習步道都包含著學生的生活文化，每一個問題都以學生熟悉的情境為背景。因此學生不僅在解決數學問題，同時也是對於他所熟悉的校園環境再認識，對於舊的景物賦予新的意義。

㈡步道的學習要從感覺出發，從經驗開始

　　傳統的數學課程，問題的情境是學者專家虛擬的，離學生的

經驗太遠。步道的情境是真實的，是存在我們身旁，可以觀察、也可以觸摸的。它從情感出發、從經驗開始。這種學習的意義是依附在生活之中，這種學習的意義是豐富的，是社區建構的，它具有校園的特殊性，每一種步道必須要在某一特殊的情境下才能實施，它是一種校園文化。

(三)學習步道是仲介生活與課程的橋樑

　　長久以來，課程和生活都處於疏離的狀態，課程要傳達的，大多是專家的知識或看法，而非兒童的真正需求。學習的步道，可以縮短兩者的距離，作為課程與生活仲介的臍帶。讓兒童的學習從生活開始，最後用來解決生活的問題。

二、不一樣的學習單──學生的反省日記

　　學生的反省日記，是這一次數學課程實驗小組發展出來的一種教學模式，後來筆者將這種方法引進汐止鎮的崇德國民小學，做一年的教學實驗，結果成效良好。反省日記是讓學生把每天上數學課（或其它科目）的心得，用日記的方式敘寫下來，包括教學的疑難問題、對同學解題的感想、自己的解題方式或解決老師交代的回家功課，當然回家功課是可以親子一起完成的。反省日記在教學上，至少發揮下列三種功能。

(一)它是老師教學時的一面鏡子

　　在前面文獻探討的部份，Skemp（1989）談到學生的學習信心對學生的數學學習影響非常深遠。如果數學老師只注意趕進

度，而忽略了學生學習的感受，他的教學終究是失敗的。學生把他們上課的感受寫在反省日記上，老師瞭解學生的感受，就可以調整他的教學步驟和教學方法。避免一再地犯同樣的錯誤而不自覺。也可以藉此瞭解每一個人上課時的真實感受。

(二)反省日記是師生的文字對話

每天每一位學生所分配到和老師對話的時間是有限的，內向的同學遇到疑難問題時更不好意思問，反省日記可以彌補這方面的不足。學生可以把他的問題寫在反省日記上，和老師做文字對話。在課程的實驗歷程當中，也發現一件令人興奮的事情，一位從開始都不說話的女孩，在四年級突然開口說話了，也就是她從和老師的文字對話，轉變爲口頭對話。後來她的發表能力就一直維持高度的水準。反省日記提供學生另一種對話的選擇。

(三)反省日記是學生成長的歷史

反省日記詳實地記載學生數學概念轉變的歷程，從這些記錄當中，我們發現學生數學概念轉變的情形，以及影響學生數學概念轉變的因素，是一種非常好的研究檔案。

三、情感教育的交流道──談親子數學

不管是現行的開放教育、現代教育實驗班或是 85 學年度要實施的新課程，家長在教育當中的角色也越來越重要。這次在國立臺北師範學院附小進行的新數學實驗課程，除了老師要在教育之外與家長的溝通與說明，也是新課程實施當中化阻力爲助力的

關鍵所在。實驗的進程當中，附小除了利用親師座談、教學參觀日外，另外請擔任實驗教學的教師，編寫每單元的親師篇與家長交換意見。親師篇的內容，包括：

- 單元名稱：告訴家長現在上的單元是什麼。
- 教學重點：介紹課程的活動和內容，學生要自備的學習用品。
- 給家長的話：將學生在學校當中，可能發生的學習狀況告訴家長，請家長提供積極有效的協助。
- 建議親子活動：這個部份是提供家長教具操作的活動，或親子的數學遊戲。

透過老師與家長不斷地溝通，不但減少了新課程實施的阻力，而且在無形中幫助了新課程實驗的進度和成果。

另外在臺北市的數學評量實驗班，也組織了班級家長會，利用假日做成長活動，然後在上課時間協助老師做動態的形成性評量。很意外的是這些家長比預期的還熱烈，因為他們發現，參與了這樣的活動，他們比較知道如何協助自己的孩子成長。

家長是新課程進入家庭最好的交流道，只要善加應用，課程開放的腳步就會更加順暢快速。

陸、終曲

一般教育學者都承認：缺乏情感的學習，不是真正的學習，幾乎所有的認知行為都含有情感的成份，兩者相輔相成，不可分

割（陳英豪、吳鐵雄、簡真真，民82）。建構主義學者的理念，正是希望突破傳統上將學習當作被動地接受知識的觀念，而缺乏情感的主動性、價值的判斷性以及學習的自願性。建構主義和開放教育都有一個共同的目標：希望提供一個比較開放的空間，以開放的心胸，讓孩子在無拘無束的環境與壓力下，能自動自發的學習（鄧運林，民85）。

　　開放教育為建構主義的教育理想孕育了豐沃的土壤，它鬆開了長久束縛教育體制的緊箍咒。讓兒童的情感，可以像春天的花朵一般恣意地綻放。建構主義者認為知識是學習者主動建構的，學習必須出自於兒童內在的動機。而且兒童學習的速度有快有慢，老師要容許學生建構知識的「時間差」；兒童的想法有其個別差異，解決問題的路徑也不一樣，老師要容許學生解題的「路徑差」。建構主義的教學，是融入情感教育的創造思考教學，也是認知與情感相互結合的教學的全人格教育，是超越教化、心靈自主的教育。

　　希望藉由開放教育的實施，讓情感教育在校園生根，讓我們的教育多一點感覺，學習多一點感動，學生多一點感情。

❖參考文獻❖

周淑惠（民84）：幼兒數學新論－教材教法。台北：心理出版社。

林文生（民85）：一位國小數學教師佈題情境及其對學生解題交互影響之分析研究。國立臺北師範學院初等教育研究所碩士論文。

孫振青（民 79）：知識論。台北：五南。

陳英豪、吳鐵雄、簡真真（民 82）：創造思考與情意的教學。高雄：復文圖書出版社。

陳瓊森、汪益譯（民 84）（Howard Gardner 原著）：超越教化的心靈。台北：遠流出版公司。

黃月霞（民 78）：情感教育與發展性輔導。台北：五南圖書出版公司。

黃敏晃、朱建正（民 82）：椰林裡的秘密──臺大數學步道手冊。台北：中華少年成長文教基金會。

楊瑞智（民 83）：國小五、六年級不同能力學童數學解題的思考過程。國立臺灣師範大學科學教育研究所博士論文。

楊榮祥等譯（民 82）：科學教育的詮釋性研究，發表於國立臺灣師範大學理學院主辦 1993 年國際詮釋性研究研討會講義。

鄧運林（民 85）：台北縣實施開放教育之背景、緣起與構想。發表於台北縣八十五學年度開辦開放教育學校校長主任研習會研習活動手冊。

盧美貴（民 79）：夏山學校評析。台北：師大書苑。

Giroux, H. (1983). Critical theory and rationality in citizenship education. In H. Giroux, & D. Purpel (Eds.), *The Hidden Curriculum and Moral Education (Deception or Discovery?)*. California: McCutchan Pub.

Good T. L., Mulryan, C. & McCaslin, M. (1992). Grouping for instruction in mathematics: A Call for Programmatic Research on

Small-Group Processes. In D. A. Grouws (Ed.), *Handbook of Research on Mathematics Teaching and Learning,* pp.165-196. New York：Macmilian Pub.

Joyce, B.,Weil, M. & Showers W. B. (1992). *Models of Teaching* (4nd ED). Boston： Allyn and Bacon.

Kilpatrick, J.(1987). Problem formulating: Where do good problems come from? In A. H. Schoenfeld (Ed.), *Cognitive Science and Mathematics Education,* pp.123-147. Hillsdale, NJ: Lawrence Eribaum Associates.

Skemp R. R. (1989). *Mathematics in the Primary School.* Routledge of the United Kingdom, London.

von Glasersfeld, E. (1991). *Radical Constructivism in Mathematics Education.* Netherlands:Kluwer Academic Publishers.

Vygotsky, L.S. (1978). Interaction between learning and development. In M.Cole,V. John-Steiner & E. Sougerman (Eds.), *Mind in society: The Development of Higher Psychological Process.* Cambridge, MA: Harvard University Press.

第七章

數學教室裏的社會互動

　　學習不是單獨的孤軍奮鬥，而是合作的發現之旅。學習的過程要有伴同行，一起歡笑，一起突破困難，一起分享學習的快樂，學習才算完整。

　　許多的研究證據顯示，經過團體互動、表演及討論，最後所建構的知識比個人自學的知識完整，保留的時間也比較長。

　　老師學會了團體互動的技巧，就可以設計許多遊戲的情境，誘導學生進入團體討論的系統，進行合作學習。學生學習社會互動的技術，就可以讓學習和遊戲結合，讓數學的學習充滿了歡笑，也充滿快樂。

　　從教室的實際觀察發現，傳統的數學科教學，教師經常會用他們理解知識的方法，直接傳達給孩子。例如，有一個小孩在學習容量單位轉換的時候，出現了困難。尋求老師協助，老師以他的學習經驗，就直接劃一張格子，標示容量的位值之後告訴他1公升於10公合，1公合等於100公撮。

　　經過幾天之後考試，小孩仍然忘記1公升等於幾公合？幾公撮？

　　在以「老師爲主講者」的教室文化當中，社會運作的模式，經常是老師講學生聽，鮮有同儕互動或師生對話的機會。老師講學生聽的互動方式，經常造成許多學生溝通及理解上的困難，因爲，數學教師所使用的語言，和兒童的語言有很大的不同；老師擁有的數學知識的舊經驗，和兒童也有相當大的差異。

　　如果教師沒有站在兒童的觀點去瞭解兒童理解知識的方式，兒童的學習，容易流於數學公式的記憶或機械化的練習（林文生，民85）。只有老師講解，沒有學生發表或同儕互動，學生經常要花許多時間去揣摩教師語言的意義，並模仿教師解題的模式來解決數學問題。

　　因此，數學教育的結果，是學生學習教師的解題模式，去解決數學問題。學生學習到的解題模式是記憶，不是理解。

　　記憶只是記住公式運作的表現，理解則需進一步探討公式形成的歷程及原因。舉個例子來說，靠記憶學習的孩子，只記得分數除法的結果會變成分數乘法，然後除數的分子與分母，上下顛倒。理解的孩子，會花很多時間去分析乘法與除法之間的相關性，最後才瞭解分數的除法與乘法之間的相關。

讓孩子理解數學物件與物件之間的關係，需要提供一個開放的情境，透過師生之間與同儕之間不斷地對話，讓每個學習的角色重新解構他們認知的基模，透過資訊的組織與重整，重新抽象解題的類型。

數學教室裡的社會運作，經常被忽略，數學教育經常被視為數學知識結構傳承的教育。但是，當數學教師將數學教室開放給學生討論，希望學生藉由對話與辯證的過程，主動建構知識的時候，老師就開始發現許多問題：

一、學生在一起會聊天，但不會討論。

二、學生的討論經常偏離主題。

三、學生的說明別人聽不懂。

四、討論的時候教室變得很吵雜。

五、老師不知道什麼時候該介入？如何介入？

六、老師在學生建構知識的歷程扮演怎樣的角色？

七、如何讀懂兒童解題的意義？

八、運用討論的方式，學習的進度很慢？

九、剛開始評量的成績不如別班。

十、家長的疑慮。

面對以上諸多的問題，造成許多使用新課程的教師望而卻步，因為他們對於新的教學情境無法掌握，他們相信讓學生討論以及主動建構知識的好處，但是他們不熟悉達到這個目的之間的過程與技術。以下筆者要談論的就是，教師如何從傳統的知識傳授者，蛻變成一個可以掌握教室當中社會互動的教師。

壹、 教師的自我解構

新的教學技術依附在新的教學信念，與新的方法上，如果老師沒有透過自省的機制，調整自己的教學信念與教學習慣，老師的教學很容易應用舊的教學技術，來詮釋新的課程。在筆者從事現場的訪談當中發現，教師可以透過下列幾種方式，反省自身的教學習慣。

一、觀摩教學

在教學的現場，筆者發現，最能夠引發老師自我反省的機制就是教學觀摩。教學觀摩之後再進行討論，對於老師教學技術的提昇最為快速而有效。教學觀摩的次數要頻繁，讓每個教師都有觀摩的機會，也有教學演示的機會。

如果要對細微的教學技術進行討論，可以應用錄影的方式，將整個教學的歷程錄下來，然後將教學的結果和教學的計劃做比對，看看哪些部份達到計劃的目標，哪些部份尚未達到，尚未達到的原因是什麼？如何改進？透過這樣細膩的討論之後，許多隱藏在教學歷程的社會運作，會慢慢地被突顯出來，老師的成長，也會從教師技術的一個點，擴張成教學技術的網絡。

為了避免同一所學校之中，教學技術的同質性太高，除了校內的教學觀摩之外，也可以聘請校外有教學專長的教師，至校內進行教學演示，對老師的教學會產生更快速而有效的幫助。

二、撰寫教學日誌

老師教學的歷程，如果沒有做進一步的記錄，很快就會被新的事件所掩蓋，最後教師所做的改變只是零碎的經驗，而無法將教學的經驗系統化。同時教師的教學經驗也無法進行有系統的修正。因此，教師想要做自我的轉變與突破，撰寫教學日誌是不可缺少的要素。

三、閱讀與討論

當教師發現自己的教學瓶頸，希望尋求突破的時候，閱讀是最方便的途徑。如果在閱讀之後，還有伙伴可以進行討論或經驗分享，進步的速度會更快。透過閱讀的歷程，可以尋求教學方法上的突破，也可以讓教師在教學上的經驗和理論做相互的印證。

四、撰寫教學檔案

教學檔案是教師根據他自身的教學信念、教學理論及教學方法，所設計的教學活動。教學活動是教師教學信念及教學經驗的整理，透過教學檔案的整理，會讓教師零碎的教學經驗系統化，而系統化的教學經驗，可以協助教師設計課程，並且正確有效地掌握教學的情境。

教學檔案的另一個功能，是讓教師的教學技術有一個很好的發展基礎，也就是教師可以從他發展出來的教學檔案繼續往上發展，不需要從零開始、從頭發展。

五、建立校內相互支援教學系統

只有老師自己的教學檔案還不夠，學校還必須建構一系列相互支援的教學系統，蒐集別的學校所發展出來的教學計劃、教學設計或教學的成果，作爲支援教學的資料庫。這些資料透過蒐集者的說明、討論，就成爲老師從事教學的創見或信念。

貳、建構師生心靈的契約

所謂心靈契約（psychological contract），Schein（1988,引自 Fox，1993）解釋爲在一個組織當中，管理者與員工所存在的一種非形諸文字的期望或規則。本文所謂師生之間心靈的契約，係指全班同學和老師長期互動所形成的默契，是教師有意圖的引導、學生不斷地回應，師生不斷地互動與磋商的結果。

筆者捨棄「班級規律」「常規」這樣的字眼不用，而使用師生之間心靈的契約，最主要是要說明：開放的教室中，師生之間與同儕互動也有清楚的規律在運作，但是這些規律並不是教師用命令的方式強加在學生身上，而是透過教師很有技巧地引導，讓學生自願遵守這樣的默契，並且內化成班級互動的信心。師生心靈契約的建構，是班級文化重塑的歷程。

建構班級心靈契約的歷程中，一開始，教師經常主導了教室對話的主題和方向（Resnick，1995），老師沒有規定教室裡運作的規則，但是老師卻刻意地增強有利於班級互動的動作或行爲

（Dixon，Brandts & cruz，1997），而忽略了一些干擾班級互動的動作或行爲。在 Resnick 研究的個案當中發現教師透過下列幾種模式來強化兒童的行爲，以塑造班級的文化：

一、再一次確認學生的意思（repetition）

有經驗的老師經常使用這個策略，她經常會補充一些說明來確認學生的意思。例如教面積這個單元，師生間發生這樣的一段對話：

翰（學生）：這裡切出 30 格。

那裡切出 80 格。

總共切出 2400 格，2400cm^2。

師：非常好，太棒了！

龍：這個長×寬的意思，就是把cm^{2}它加起來。

這是把cm^{2}把它加起來，這是把cm^{2}堆積起來的速算法，不像那樣 1、1、1、1、1…………一直加起來。

師：請你說清楚，你的說法應該是這樣一排是 30cm^2，有 80 排，對不對，可不可以比出來讓同學看清楚，30 在那裡？

龍：30 在那邊。

80 在那邊。

………………

二、重複學生的語言（revoicing）

老師除了再一次確定學生的意思之外，對於一些講話聲音比

較小聲，或意思比較不完整的學生，老師會將學生的意思向全班
同學再講一次。這種情形在一年級學生發生的頻率最高，例如老
師帶全班同學數數：

師：請問池塘裏的青蛙有幾隻？

學生甲：5 隻。

師：你怎麼知道的？

學生甲：這裡有 3 隻，這裡有 2 隻，1、2、3、4、5 加起總共有
　　　　5 隻（聲音很小，後面同學聽不到）。

師：剛剛同學甲說這裡有 3 隻，這裡有 2 隻，1、2、3、4、
　　5 加起總共有 5 隻。講得好不好。

全體學生：1、2、3，棒！棒！棒！

　　重複學生的語言可能成爲對話的鷹架，這樣的鷹架可以讓更
多的學生參與教室當中的對話，也可以保持教室裡的對話流暢而
不致於中斷。重複學生的語言、再一次確認學生的意思，是教師
控制教室對話的兩種最明顯的策略，這兩種策略可以讓學生的發
言，從個體自我意思的表達，轉化爲全班可以共同溝通的語言
（Resnick，1995）。

　　除了這兩種策略之外，在鄔老師的教室，筆者還發現，鄔老
師還有一些「馴服」學生的法寶：一是增強、二是忽略、三是縮
小自己，建立學生的信心。

三、增強

　　增強是老師最善用的法寶，她希望學生講話要有禮貌，她沒有直接說講話要有禮貌，她經常會找一位同學說：「她說話好有禮貌，老師好喜歡。」同樣一堂課她會反覆好幾次這樣的增強活動。增強的活動有時是對個人，有時卻是針對團體，例如剛進教室，學生還在跟同學聊天，她會說：「來，各位同學，請你們把小手借給我，把你們的椅子抬起來，輕輕的…輕輕的…，好，把椅子轉向老師，小手放在後面……。哇！做得太好了，老師好喜歡。桌上的東西也藏起來，藏得好棒，好！小腳腳轉過來，好，每個小朋友都好聰明，來！我們每個小朋友給自己一次鼓勵。『一、二、三，棒！棒！棒！』。」從頭到尾老師都沒有說過一句負面的話，但是學生卻能夠服服貼貼地依照鄔主任的意圖來運作，可見明顯地增強比責備還有效。

　　增強的效果除了應用在行為的塑造，也運用在學習的運作當中。當學生提出關鍵性的對話，鄔老師會說：「這句話很重要」「剛剛有一句話說得實在太好了」或「這句話太棒了」，例如：

師：為什麼不叫它 1cm？而叫它 $1cm^2$？

龍（學生）：我知道！

師：好，你說。

龍：因為 $1cm^2$的意思是說每邊都 1cm，而 cm 的意思是指長度，cm^2是指量面積要用的圖形符號。

師：他有一句話非常棒。

cm 代表長度。

cm²是指量面積要用的圖形符號。

……………

四、忽略或淡化處理

老師對於教室運作有用的資訊給予增強，干擾或暫時不能處理的資訊卻給予刻意地忽略或淡化處理。例如，有一次老師出了一個題目：

「樹上有 9 隻小鳥，飛來了 5 隻，現在樹上有幾隻小鳥？（圖形配上口頭說明）」每個同學都在進行解題活動的時候，有一位同學突然大聲說：「一百隻」，鄔老師沒有理會他，過了一陣子他又說：「一百萬隻」，老師還是沒有理會他，反而轉向認真解題的小組說：「你們這一組好認真，老師好喜歡。」老師不斷地向解題認真的小組鼓勵，這位亂說話的同學的行為慢慢被消弱，最後他也參與小組的解題活動。所以，當教學活動有一些干擾活動出現的時候，鄔老師經常採取的策略就是忽略。

另外一種狀況老師會採取淡化處理的策略，有些數學問題的物件，還不是兒童這個階段所能掌控的，老師會利用轉移話題的方式淡化處理。例如，低年級在長度測量這個單元，學生應用的單位是 m，有一個學生量的時候，發現是 10 公尺又 1 公分，他為了表示更精確，他說是 10.1m（實際上應該是 10.01 才對），但是老師並沒有糾正他，只是淡淡地說，大約是 10m。因為這個單元的教學目標是培養學生估測的能力，並不是要讓學生精確地測量，而且低年級的學生還沒有辦法澄清小數點的概念，提前引進

來，徒增學生解題的困難。

又有一次老師教時鐘，她只處理時針和分針的關係，秒針的部份也是淡化處理，因為低年級的學生普遍還沒有同時處理時針、分針和秒針的能力。

在這個時候，筆者發現老師是班級訊息的過濾網，哪些訊息要突顯，哪些訊息要忽略，都在老師的掌握之中。

五、縮小自己，建立學生的自信心

老師在班級當中，是權威的代表，老師如果在學生面前經常表現出知識權威，學生的發言，就經常會猜測教師的意圖，然後迎合老師的意見，最後自我的想法與意見都消失了，信心也不見了。

老師經常會在學生面前說：「這個式子怎麼來的，我都不會，你能不能教教我？」、「你好棒！這一題老師都不會？」、「你們都比老師聰明，你們想想看有什麼好方法可以解題？」當老師這樣表述的時候，學生通常都會很樂意地講解給老師聽。因為鄔主任縮小了自己，反而放大了學生的信心。

建構師生心靈的契約，是班級經營的起點，也是學生有效學習的基礎。筆者要強調的是，師生心靈的契約不是老師強制性的規範，也不是放任學生恣意地為所欲為；它是教師揣摩學生的心靈，透過有意圖的引導，培養孩子成為一個能夠有信心地發表自己的意見，也能夠有禮貌接納別人的學生。

參、教師的角色

開放的教室裏，教師面臨到比傳統教室加倍的挑戰，例如數學的題目，本來是老師出、老師解，所以數學問題不需要太講究，只要能夠傳達數學的概念就可以。但是，開放的教室裏由學生來解題，數學的問題屬性，必須要能夠引發學生解題的興趣，及學生的對話與討論。

開放的教室中，老師面臨的是一個充滿不確定感的教室。直到前一刻，仍無法預知下一刻班上將要發生什麼事。面對這樣動態變動的情境，老師不是準備好一套完美的教學系統在班上實施，反而需要累積許多個案與經驗。佈置美好的教學情境，引發學生進行成功的解題。在開放的教室中，教師需要扮演以下的角色：

一、教學情境的營造者

教學的情境，包括物理情境以及心理情境。物理的情境，包含座位的安排、教室佈置、空間的應用等等。物理的情境不但需要老師帶領學生一起來規劃安排，還需要學生一起來經營及管理。

心理的情境，包括師生互動、同儕互動、語言、稱謂方式、感覺、被關懷的程度、情感教育、感受性課程……等等。

要營造一個好的學習情境，教師要有完整的班級經營計劃。

學生的哪些資料要擺哪裡，哪些學生要協助教師教室管理，要如何培養師生之間心靈的契約，都要有完整而詳細的計劃。

二、教學進程的決定者

開放的教室中，老師是一個動態歷程的決定者。老師除了要確定上課的方針之外，還要洞察學生行為的意義，並且還要在這些互動頻繁的情境當中，做出正確的教學決定。

教師的教學決定，必須要掌握三個原則：

1. 平時多蒐集資訊：

掌握每個孩子的家庭背景、人格特質及學習性向。以協助教師做正確的工作分配，或教學決定。

2. 重視公平性：

讓每個孩子都有發表學習的機會，避免製造教室裏的邊緣人，也避免製造班級當中的學習明星。

3. 不斷地自我反省檢核：

老師要有敏銳的反省機制，才能避免錯誤的決定重覆發生。最好結合教師的教學日誌，對於老師的教學決定，提出修正與改進。

肆、同儕互動可能存在的問題

開放的教室當中，學生的學習，不是老師給予多少就擁有多少，而是學生擁有多少與老師互動的能力，及與同儕互動的能

力。因此，對於一些和別人互動會發生困難的學生，他們的學習可能會發生以下的現象：

一、害怕上台

當學生從台下走到台上，心情就從從容自在轉爲緊張。上台的時候，學生必須要在很短的時間之內，將正確的答案講出來。大部份的同學會沒有把握，尤其是被老師指定上台的時候，外在的資訊還沒有統整好，同學又在等你的答案，越緊張就越容易說錯，害怕在大家面前丟臉。

所以小組討論完之後的報告，經常會看到學生在那裡推來推去，很少學生願意主動站到台前來。

對於這些膽怯的學生，通常需要教師給予特別的協助。例如選擇較簡單的問題讓他們回答，請其他同學幫他解決困難，老師將他的答案複誦一遍，增強學生表達的信心等等。教師也要放慢教學的進度，讓更多的學生進入教師設計的教學系統。

二、大樹和小草

在教師的分組教學過程當中，很容易形成小組當中的大樹和小草，大樹包辦了所有的解題工作、發表和討論；小草則淪爲小組當中的觀眾，或小組活動的邊緣人。因此，教室當中的分組工作非常重要，必須要讓每一個學生都有工作，而且負責的工作還需要定期輪替，讓每個孩子都有機會上台，每個孩子都有機會發表。

三、學生缺乏討論的能力

　　傳統的教室裡面，我們看到許多資質很好的學生，學習是個別進行的，教室之中大部份進行的是教師的講授或師生對話，很少同儕互動或小組討論。學生若沒有學會小組討論的技術，他們在一起聊天，但是沒有學會合作解題，「合作」的現象不會自然發生，所以需要教師刻意地引導。例如教師出一數學問題：「請你算算看，你這一組同學的平均身高是多少？」當學生解這個題目的時候，一定要和其它的同學一起合作，否則無法完成。相反的，如果老師出的題目是：「67 × 67 ＝？」，那學生可能不會產生合作的需求，因爲這樣的題目，一個人做比兩個人做快，學生自然就不會有合作的需求。

伍、良性互動，合作學習

　　社會互動是開放教室當中最重要的機制。如果教師沒有引導學生學會社會互動的技巧，教室的運作可能又回到「放任」與「封閉」的兩個極端，教師不是放任學生自己學習，就是訓練很乖的學生將兩手背在後面，聽老師講課。

　　如果，教室當中有良好社會互動的默契，以及合作學習的技巧，教師就可以將學習的權利還給學生，讓學生真正成爲教室的主人，透過師生與同儕的良性互動，愉快地合作學習。

❖參考文獻❖

林文生（民 85）。一位國小教學教師佈題情境及其對學生解題
交互影響之分析研究。國立台北師範學院國民教育研究所碩
士論文

Dixon, C., Brandts, L., & Cruz, E. (1997). Nothing important happens on the first day ... or does it? Establishing a base for opportunities for learning. 論文發表於 1997 年台北市立師範學院國際學術研討會：*Making Education More Effective in Curriculum Definding and Teaching Improvement.*

Fox, M. (1993). *Psychological Perspectives in Education.* London: Cassell Educational Limited.

Resnick, L.B. (1995). Inventing arithemetic: Making childrens intuition work in school. In C.A. Nelson (Ed.), *Basic and Applied Perspectives on Learning, Cognition, and Development,* pp. 75-101. Mahwah, NJ: Erlbaum.

第八章

進入兒童的數學世界

　　進入兒童的世界，才能夠依據兒童的特質，引爆兒童的潛能。如果老師能夠站在兒童的觀點，去瞭解兒童行為的意義，老師就能夠發現兒童智慧的光彩，也能夠欣賞兒童智慧的美妙。

　　進入兒童的世界，不僅是一種想法，也是對於兒童心靈的一種洞察，一種瞭解。最後從兒童的學習路徑來協助兒童，讓每個孩子能夠真正的適性發展。

　　進入孩子的世界，老師必須先具備兩種知識，一種是瞭解兒童是如何進行學習的，這是心理學的知識；另一種是兒童如何建構數學概念的知識，這是屬於數學概念認知的知識。有了這兩種背景知識，老師才能真正看穿兒童的心靈，掌握學習的契機，進入兒童的世界。

國小新課程已經實施了一段時間，擔任一年級的老師普遍的反應是：數學科好像比以往更難教。以往二年級才教二位數加減法，為什麼現在一下就出現這樣的題目？

24個小朋友，19頂帽子，小朋友和帽子哪一種多？多多少？（引自國立編譯館主編，數學課本第二冊第9頁，民國86年1月出版）

這樣的題目，家長也感到很迷惑，到底要不要教「退位減法」的解題策略呢？為什麼看到小孩子的解題方法，跟傳統的教法不一樣呢？這到底是怎麼一回事？

壹、尊重兒童的自然想法

上述的題目，在老師不教「大人解法」下，兒童的自然解法是：

解法1.	解法2.
小朋友比較多，因為第20個、第21個、第22個、第23個、第24個小朋友沒有帽子，所以帽子還要加5頂，才會跟小朋友一樣多，把想法寫成算式記錄「19＋5＝24」。	小朋友太多了，假如少掉5個，就剛好跟帽子一樣多了，把想法寫成算式記錄「24－5＝19」。

　　使用解法 *1.* 和解法 *2.* 的小孩,基本上是受到先前的解題經驗影響。他們對解合成和分解的問題有了豐富的經驗,自然把它應用到比較型的問題上,順理成章的也解決了問題。好比「19 頂帽子再加上 5 頂帽子,就跟 24 個小朋友一樣多」這樣的想法就是採用合成的解題策略。又如「24 個小朋友太多了,假如少掉 5 個,就跟 19 頂帽子一樣多」採用的就是分解的解題策略。類似上述的想法,是這個時期(一年級)的小孩有能力運作的解題模式,我們稱之為「兒童的自然想法」。

　　兒童的自然想法是一種本能,是與生俱來的能力,它隨著年齡的增長、經驗的擴充在做調整。因此,上述的比較型問題,除了採用兒童會使用的合成策略和分解策略外,還可以誘導兒童使用「一對一對應」的解題策略:先引導兒童做出題目中的甲、乙兩個數量,做出一一對應的比較活動,然後就活動的結果做說明,發現甲數量中沒有被對應的物件即為答案。

如解法 *3.*

「把帽子戴到小朋友頭上,一個人戴一頂,結果戴到第 19 位就沒有了,在 24 位小朋友中把戴帽子的 19 位小朋友帶走,發現還有 5 位小朋友沒戴帽子,把想法寫成算式記錄「24 − 19 = 5」。

　　至於大人會想：「24 − 19」要不要用「退位減法」來教？那是涉及到另一層面的問題——減法算則問題。

　　低年級的兒童（指六、七歲的小孩）在解有關數量的合成分解型問題時，採用的運思策略常是「往上數的策略」。例如：「7 加 4」，兒童會由 7 開始，向上數 8、9、10、11，而獲知答案是 11；不會結構性地先把 4 分解成 3 和 1，再把 7 和 3 合成 10，再把 10 和 1 合成 11。同樣道理，「11 減 4」，兒童若採用「往下數的策略」，兒童會由 11 向下數 4 個數字，即 10、9、8、7，而獲知 7 是答案；不會先把 11 分解成 10 和 1，再把 10 減 4 得到 6，再把 6 和 1 合成 7。

　　所以大人擔心的所謂「退位減法」是植基在算則的技術層面上，而不是從兒童的認知心理層面上來做考量。

貳、提供思考發展的空間

　　尊重兒童的自然想法，因此兒童解題思考的空間無限延伸，對數學符號的學習，也更能掌握其完整的意義。例如，上述低年級兒童解題：

　　「24 個小朋友，19 頂帽子，小朋友和帽子哪一種多？多多少？」有小孩這樣想，這樣記錄：

19 再加上 5 就和 24 一樣多，記錄成「19 ＋ 5 ＝ 24」。
24 少掉 5 就和 19 一樣多，記錄成「24 − 5 ＝ 19」。

　　這樣的記錄方式，鬆開了以往課程（64 年公佈實施）所教導出來的小孩，總以為算式記錄「＝」符號右邊就只表示答案的意思。

　　其實「＝」符號的功能除了右邊可以代表答案之外，更重要的是它說明了左右兩邊等量的意思，也就是數學常說的「對稱性」。

　　因此，採用新課程理念培養出來的小孩，對於解決「24 － 5 ＝ 19」和「19 ＝ 24 － 5」的算式意義時，絲毫沒有任何的困難。你會發現新課程的小孩用自信的語言說：「『24 拿走 5 就和 19 一樣多。』，也可以說成『19 就是 24 少掉 5 嘛！』。」

　　「＝」符號的使用，對使用新課程的小孩而言自然得很，但對使用 64 年版課程的小孩，就產生了困難，因為他們習慣「＝」符號右邊的意義只是運算的結果。

參、鼓勵多樣性的解題

　　我相信只要老師能以寬容的胸襟和欣賞的眼光，看待兒童對一個問題的看法和想法，不立即做價值判斷，那麼每個孩子都會是解題高手；倘若你戴上個人成見的眼鏡去批判孩子的自然想法，當然囉，數學白痴、數學低能兒、教室中的客人馬上就會出現了。

　　下面就談談我為二年級的小孩上「除法概念」的第一節課情景：

　　我給的題目是：「水族館的老闆想把金魚裝在塑膠袋裡賣給客人……」

　　話未說完，有個小孩手舉得高高的，我趕緊打住問：「有什麼問題？」

　　小孩說：「鄔主任，您這樣說是不對的，塑膠袋裡要先裝水，金魚才不會死！」

　　我連忙說：「謝謝，我會改進。」

　　又有一小孩補充說：「還要再打空氣進去，塑膠袋綁起來時，金魚才不會死。」

　　「喔！謝謝你的提醒。」雖然名為上數學課，但是孩子已習慣開放式的思考，我也不阻止，畢竟我是在教人，不是在教書，健全的身心比起書呆子要重要多了。

　　「好，繼續說完，」

老闆的金魚缸裡有 36 隻金魚，6 隻金魚裝在一個有水有空氣的塑膠袋裡，請問全部的金魚裝完後，共用幾個袋子？

每個兒童興高采烈的記下他們的看法和想法，大概可分為下列幾種：

第一種 (圖示法)	00 00 00 00 00 00 00 00 00 00 00 00 00 00 00 00 00 00 1　2　3　4　5　6 袋	1 2 ｜ 7 8 ｜13 14｜19 20｜25 26｜31 32 3 4 ｜ 9 10｜15 16｜21 22｜27 28｜33 34 5 6 ｜11 12｜17 18｜23 24｜29 30｜35 36 6 袋裝了 36 隻
第二種 (加法策略)	①　② 6 ＋ 6 ＝ 12 ③ 12 ＋ 6 ＝ 18 ④ 18 ＋ 6 ＝ 24 ⑤ 24 ＋ 6 ＝ 30 ⑥ 30 ＋ 6 ＝ 36　　6 袋	①　② 6 ＋ 6 ＝ 12 ④ 12 ＋ 12 ＝ 24 ⑥ 24 ＋ 12 ＝ 36 6 袋裝 36 隻
第三種 (減法策略)	① 36 － 6 ＝ 30　　　18 － 6 ＝ 12 ② 30 － 6 ＝ 24　　　12 － 6 ＝ 6 ③ 24 － 6 ＝ 18　　　6 － 6 ＝ 0　　6 袋裝完了 ④ ⑤ ⑥	
第四種 (乘法策略)	6 × 1 ＝ 6　　　1 袋 6 × 2 ＝ 12　　2 袋 6 × 3 ＝ 18　　3 袋 6 × 4 ＝ 24　　4 袋 6 × 5 ＝ 30　　5 袋 6 × 6 ＝ 36　　6 袋　　　裝了 6 袋	

　　上述的解法，可看出兒童依其能力、偏好，採用他們能掌握的方式解題，每個孩子都能解題成功，差異只在他所選用策略的不同。在老師的眼中或許有優劣之分，但在孩子的運思過程中並沒有好壞之別，只要解題過程及答案具合理性，就值得肯定。

　　因為有了解題成功的經驗，建立了每個人的信心，主動探究的學習態度油然而生，因此「把每個小孩都帶上來，不要變成教室中的客人」就不再是口號了。

肆、分享解題紀錄的智慧

　　學習的過程是一種分享，一種肯定，透過同儕之間的相互討論、辯證、澄清而建構出自己的知識體系，是這次新課程在教學上的訴求。

　　我們在一年級的教室中發現，老師出了一道題：「小英已經有8張貼紙，再買幾張貼紙，就有12張貼紙了？」

　　老師看到有小朋友的想法是這樣記錄的：

　　① ② ③ ④ ⑤ ⑥ ⑦ ⑧ ⑨ ⑩ ⑪ ⑫　　$8 + 4 = 12$

　　就請他上台說給大家聽：

　　「貼紙已經有8張，再買1張就是9張，再1張就是10張、11張、12張，所以是4張。」孩子邊說邊數著手指頭。

　　「你畫的圈圈裡，沒有說再買4張啊！」有小孩對圖示提出質疑。

「① ② ③ ④ ⑤ ⑥ ⑦ ⑧ ⑨ ⑩ ⑪ ⑫ 在這裡啊，請大家數數看！」
1 2 3 4

解題的小孩趕忙澄清並用記號和點數的方式加以證明。

「你爲什麼用『＋』（加）的，不用『－』（減）的呢？」又有小孩子提出疑問。

「因爲老師的題目，是問再買幾張貼紙，所以我就用『加』的啊！」解題的小孩很有自信地回答。

上面的案例，在說明兒童的解題記錄；其功能是：一則在檢驗孩子是否真正瞭解題意並進行問題解決；一則是藉由溝通活動，對多樣性的解題策略進行澄淸並取得共識，同時也是在培養欣賞異見，開放胸襟，以期養成適應多元社會的國民。

❖參考文獻❖

國立編譯館主編（民 86）：國小數學課本第二冊。台北：國立編譯館。

第九章

從兒童認知的觀點來談教師專業成長

「巧婦難爲無米之炊」，要成爲數學教室
當中的善煮巧婦，老師必須要具備一種能力。
這種能力就是對於兒童認知歷程的瞭解及掌
握，老師瞭解學生的學習是如何發生的，才能
引導學生主動建構知識。

兒童對於數學知識認知的結構，是老師教
學的一張知識網路。這張網可以協助教師判斷
學生解題的樣態，及其錯誤所在。

老師對於兒童數學認知的掌握，可以更有
效地安排學習的情境，以及在教室師生互動當
中，對學生的認知狀態有更清楚的瞭解，安排
更有效的學習鷹架，協助學生學習。

數學教師具備了兒童認知的知識之後，就
會在教學的脈絡當中，讓自己的教學決定更精
緻，也讓學生的學習更趣味，也更有效率。

對於兒童認知歷程有清楚掌握，並且擁有
美好的教學方法的教師，筆者稱之爲數學教室
裡的善煮巧婦，也是專業的數學教師。

　　近年，教育改革浪潮衝擊尤大，教師專業知能倍受考驗，有關學科知識、教學知識與兒童認知發展的掌控，在在提醒著所有從事教育工作的教師們，要隨時與日俱進，追求新知。

　　下面以國小新課程數學科爲例，說明我的看法及臨床實驗中的一些教學經驗。

　　若以教育部82年9月公布的國民小學課程標準爲依據，則國小數學課程想要達成的目標首應清楚掌握。

● 總目標：

一、養成主動地從自己的經驗中，建構與理解數學的概念，並透過了解及評鑑別人解題方式的過程，進而養成尊重別人觀點的態度。

二、養成從數學的觀點考慮周遭事物，並運用數學知識與方法解決問題的能力。

三、培養以數學語言溝通、討論、講道理和批判事物的精神。

四、養成在日常生活中善用各類工具從事學習及解決問題的習慣。

　　從上列目標中，不難發現國小學童學習數學科時，教材的內容發展是以兒童的經驗爲出發點；而知識獲得的方式，是透過了解及欣賞與評鑑別人解題方式而主動建構形成。因此，學習的方式，也就特別著重討論、質疑、辯證的溝通模式，進而培養講道理、理性批判事物的能力。在學習的過程，除了有效的社會運作外，教師還要鼓勵學童自製或應用工具解決問題。

就以數與計算教材爲例

一、教材的編織依據兒童認知循序開展

　　教材的設計是依據兒童的認知發展而編製，採活動螺旋式呈現，分布在幾個單元中進行學習，而活動的內容逐漸加廣加深，例如，一年級的合成分解解題活動類型有①併加型②添加型③拿走型④比較型⑤追加型（加數未知型）⑥減數未知型等等，這些題型的解題活動採情境佈題方式出現，配合兒童的生活經驗，進行解題活動。如表 9-1（參考國立編譯館主編，國民小學數學教學指引第三冊試用本，P.249-251，1996 年版）。

　　從一年級上學期數與計算教材合成分解解題活動類型來看，只有併加型、添加型、拿走型與比較型，而運作的數量是從 10 以內擴充至 20 以內，活動的方式是從具體操作活動，到口述具體操作活動解題的過程及結果，進而到自製表徵（圖象）或算式記錄解題活動的過程及結果。

　　教材到了一年級下學期，延用上學期的解題經驗，在活動類型上增加了追加型（加數未知型）及減數未知型，又特別介紹「算式填充題」的角色扮演，它是情境題的另一種面貌，做爲孩子詮釋文字題的過渡橋樑。除了類型增加外，在數量上也逐漸擴充，從20以內，到30以內，到50以內，最後是100以內，分布在幾個單元的活動中實施。如下表：

表9-1 一年級數與計算教材合成分解解題活動分布情形

單元別	活動別	題型	活 動 內 容 舉 例	配合兒童認知發展
2	1 2 3	併加 添加 拿走	1. 老師的桌上有兩堆算珠，誰會幫忙把它們合在一起。 2. 小朋友先用手抓一把算珠，再抓一把算珠放在一起。 3. 小朋友先抓一把算珠放在桌上，再把桌上的算珠，抓一些給同學。	透過操作具體物的方式，進行量的合成分解操作活動。
2	4 5 6	併加 添加 拿走	1. 芒果樹上有1顆黃芒果，5顆綠芒果，請問樹上有幾顆芒果？ 2. 弟弟吃了3片餅乾，覺得很好吃，又吃了2片餅乾，請問弟弟吃了幾片餅乾？ 3. 小萱有6張貼紙，送給家琦3張貼紙，小萱還有幾張貼紙？	透過操作具體物的方式，兒童口述解題活動的過程與結果（和數、被減數為10以內）。
3	4 5 6 7	比較	1. 這裡有這麼多動物，誰會比比看，牛和羊那一種比較多？ 2. 馬有5隻，鹿有8隻，馬和鹿那一種比較少？	1. 透過操作具體物對應的方式，解決兩量誰比誰多，誰比誰少的問題。（兩量10以內） 2. 依據數詞的描述，判斷兩量誰比誰多，誰比誰少的問題。（兩量10以內）

5	8 9 14	併加	1. 詹老師的冰箱裡放了 9 個水梨，7 個蘋果，請問冰箱裡有多少個水果？	1. 透過操作具體物的方式，兒童口述解題活動的過程與結果。（和數及被減為 20 以內）
		添加	2. 下課了，一年一班有 6 個女生去操場玩溜滑梯，又有 8 個男生去操場玩賽跑，請問一年一班有幾個小朋友在操場玩？	2. 不提供具體物，兒童自製表徵（肢體語言或圖象）說明解題活動的過程與結果。（和數及被減數為 20 以內）
		拿走	3. 路旁停了 15 部車子，開走了 7 部車子，路旁還有幾部車子？	3. 透過操作具體物或自製表徵的方式，說明解決兩量誰比誰多，誰比誰少的問題。（兩量 20 以內）
		比較	4. 動物園裡有好多動物，我看到小熊有 13 隻，猴子有 18 隻，請問小熊和猴子哪一種比較多？	
7	1 2 3 4 5	併加	1. 媽媽買了 4 個桃子和 8 個李子，請問媽媽買了多少個水果？	透過操作具體物或圖象表徵的方式，用算式記錄解題活動的過程與結果（和數及被減數為 20 以內）。
		添加	2. 樹上有隻小鳥，又飛來了 2 隻小鳥，現在樹上有幾隻小鳥？	
		拿走	3. 盤子裡有 13 顆小蕃茄，姊姊吃了 6 顆，請問盤子裡還有幾顆小蕃茄？	
9	1 2 3	比較	鄔主任買了 14 朵紅玫瑰，詹老師買了 12 朵黃玫瑰，誰買的比較多？多了幾朵？	1. 透過操作具體物或圖象表徵的方式用添加或拿走的活動，確定兩量誰比誰多及結果。 2. 用算式記錄兩量比較問題解題活動的過程及結果。

表 9-2　一年級數與計算教材合成分解解題活動分布情形(第二冊)

單元別	活動別	題型	活動內容舉例	配合兒童認知發展
1	2 3 7 8 9 10	併加 添加 拿走 追加	1.買一枝鉛筆8元，一瓶膠水10元，要付給老闆多少錢？ 2.小英有10元，買一張貼紙2元，還要找多少元？ 3.森林裡住了19隻梅花鹿，又跑來了8隻梅花鹿，請問現在有幾隻梅花鹿？ 4.這裡有24個小朋友和18頂帽子，請問小朋友和帽子，誰比較多？多多少？ 5.盒子裡裝有22顆糖果，再放幾顆進去，就有28顆糖果？ 6.5＋4＝（　　）誰會把答案寫在括號裡？你怎麼知道的。	1.利用錢幣進行20以內的合成解題活動及10以內的分解解題活動。（檢驗舊經驗） 2.自製解題表徵並用算式記錄30以內合成分解問題解題活動過程及結果。（加數、減數10以內，兩量比較的差在10以內） 3.自製解題表徵並用算式記錄追加型問題解題活動的過程及結果。（加數10以內） 4.基本加減範圍內的算式填充題。
2	4 5 6 7 8 9 11 12	併加 添加 拿走	1.公共汽車上有26個乘客，再上來7個乘客，現在有幾位乘客？ 2.一箱橘子有45顆，爛掉了8顆，好的橘子還剩下幾顆？ 3.小強的罐子裡有18顆彈珠，再放進去幾顆就有30顆彈珠了？	1.自製解題表徵並用算式記錄40以內合成分解問題解題活動過程及結果（加數、減數在10以內）。 2.自製解題表徵，並用算式記錄50以內合成分解問題解題活動過程及結果（加數、減

		比較	4.這裡有 13 個男生，17 個女生，比比看，男生少，還是女生少？少了幾個？	數在 10 以內）。 3.自製解題表徵，並用算式記錄追加型問題的解題活動過程及結果。(加數在 18 以內) 4.自製解題表徵，判定兩量比較，少多少問題的解題活動過程及結果。(差在 10 以內)
4	6 7 8	減數未知 比較型	1. 教室裡有 12 個小朋友，跑出去幾個教室還剩下 9 個，請問出去了幾個？ 2. 美華有 12 元，莉琪有 20 元，誰比較少？少了幾元？	1.自製解題表徵，並用算式記錄解題活動過程及結果。(減數 10 以內) 2.自製解題表徵，並用算式記錄兩量比較，少多少的比較過程及結果。(差在 10 以內)
5	3 4 5 6 ~	併加 添加 加數未知 拿走 比較	1. 錢筒裡有 62 元，再存多少錢，就有 80 元？ 2. 樹上有 78 個蘋果，摘了 16 個，樹上還有幾個蘋果？ 3. 43 和 36 哪一個比較大？	1.用算式記錄 100 以內合成分解問題的解題活動。（加數、減數 20 以內） 2. 100 以內兩量的多少比較，並用算式記錄解題過程及結果。 3. 50 以內兩數的大小比較，並用算式記錄解題活動過程及結果。
7	7	比較	85 和 77 哪一個比較大？	100 以內兩數的大小比較（差 10 以內），並用算式記錄解題活動過程及結果。

9	1	併加	1.請用算式填充題把問題記錄下來。有 65 個汽球，破了 16 個，還有幾個？ 2.草地上有 5 隻白貓和 6 隻黑貓，跑走了 4 隻貓，草地上還有幾隻貓？ 3. 7（　）3 = 10。 4. 9（　）4 = 5。	1.利用算式填充題記錄問題解決 100 以內合成分解的問題。 2.解決兩步驟的合成分解問題解題活動。 3.解決減數未知的算式填充題。 4.解決運算符號未知的基本加減法算式填充題。
	2	添加		
	3	拿走		
	4	減數未知		
	5			
	6	加數未知		

　　從上述數與計算教材發展的案例可以發現，設計的考量是依兒童的認知發展做螺旋式的安排，亦即同類問題情境，在不同的活動中逐漸加深加廣。在後一個活動中，一方面聯絡前一個活動的經驗，一方面擴展問題的難度，附加新的要求或新的限制。

　　低年級兒童的認知發展，在數與計算的運思活動上依序分為：㈠合成運思──即將數個「1」合而為一，形成一個集聚單位；在合成活動當中，須序列性進行兩次做數活動及一次數數活動，故又稱此解題方式為序列性合成運思。㈡累進性合成運思──此運思是指可使用一個集聚單位為基礎，繼續合成新的「1」，進而形成新的集聚單位。例如：以「19」為基礎，逐次增加 12 個「1」，而形成「31」這個新的集聚單位，這種解題方式又稱往上數策略；若以「19」為基礎，逐次減少 12 個「1」，而形成「7」這個新的集聚單位，這種解題方式又稱往下數策略。

　　國小一、二年級的小孩在數與計算的教材處理上，大部分使

用序列性合成運思或累進性合成運思解決「非負整數的合成、分解（比較差量）」的解題活動。這時期的小孩尚未完全進入部分／全體運思期──指能明顯地區分「1」單位與一個集聚單位，在混合使用兩種以上的單位時，不混淆各種單位的意義；可以將數個「集聚單位」和數個「1」合而爲一，形成新的集聚單位。所以不適合指導成人所習慣的加減算則來做爲解題的策略。國外亦有研究顯示，在小學低年級就教導算則，對孩童的數學表現是有不良影響的。理由是：算則強迫孩子放棄他們自己的數學思考歷程；算則「並未教導」位數的概念，而且妨礙孩子發展對數學的感覺；算則使得孩子依賴數學的空間排列方式（或依賴紙和筆），也使得孩子依賴別人。（Kamii，1997）

二、教學目的在引導兒童適性發展

　　每個個體的認知發展互異，因此在解題策略的使用上自然不一致，形成了所謂解題路徑差；同時每個個體對同一類型的解題活動建構的速度也不一樣，形成了所謂的學習時間差。教師爲了兼顧學童這兩種差異性，通常採用的策略是尊重兒童自發性的解題。教師並藉著教材螺旋式的活動安排下，學童逐漸累積解題經驗，自行調整發展出最有效的解題方式。因此數學的學習不再是教師解題，學童模倣。個人認爲最有效能的教學策略就是承認個別差異的存在，然後支持肯定學童用自己最有把握的方法進行解題活動。以下列的案例說明兒童自發性的解題策略及認知發展情形：

二年級數與計算教材兒童解題策略案例

題目：8個氣球綁成一捆，綁了6捆又多了7個氣球，請問共有多
少個氣球？

1. 呂生作法：

$$48 + 7 = 55$$

答：55個氣球

2. 林生作法
$$8 + 8 = 16$$
$$16 + 8 = 24$$
$$24 + 8 = 32$$
$$32 + 8 = 40$$
$$40 + 8 = 48$$ 答：55個
$$48 + 7 = 55$$

3. 楊生作法
$$8 \times 1 = 8$$ $$48 + 7 = 55$$
$$8 \times 2 = 16$$
$$8 \times 3 = 24$$
$$8 \times 4 = 32$$
$$8 \times 5 = 40$$ 答：55個氣球
$$8 \times 6 = 48$$

4. 許生作法
$$8 \times 1 = 8$$ $$0 + 8 = 8$$
$$8 \times 2 = 16$$ $$8 + 8 = 16$$
$$8 \times 3 = 24$$ $$16 + 8 = 24$$
$$8 \times 4 = 32$$ $$24 + 8 = 32$$
$$8 \times 5 = 40$$ $$32 + 8 = 40$$
$$8 \times 6 = 48$$ $$40 + 8 = 48$$ 答：55個
$$48 + 7 = 55$$ $$48 + 7 = 55$$

同一個活動類型，兒童的運思方式顯然不一致，例：上題是個「加乘」的兩步驟解題活動，課程的安排是在二年級下學期，兒童已經有了「倍」的問題解題經驗後，希望兒童在處理倍的活動步驟時，都用乘法算式的方式來記錄，讓兒童逐漸區辨加法與乘法的運算，但當此類問題初次出現時，教師會發現，學童亦可能產生各種合理的解題過程，就如上例呂生的作法，採用圖象累加的策略解題；林生的作法是以「8」做為集聚單位，進行累加的解題策略；而楊生的作法是直接用倍的語意來記錄解題的歷程；許生出現了兩種解題策略，基本上具有相互檢驗解題過程及答案合理性的味道。這樣的案例，鮮明地點出了兒童在解題上的個別差異，教師要容忍兒童在學習上的時間差，以及接納兒童解題策略上的路徑差。

三、教學過程是在協助學童創塑學習的意義

在教學的過程中，要多聽學童的發表，並澄清他們的想法；因此，班級的發表文化，變成了課室中社會互動的模式。發表的內容主要是兒童解題的過程及結果，透過語言、圖示、符號的表徵方式達到與別人溝通的目的，溝通的進行方式可鼓勵師生同儕交互質疑辯証，也可藉此培養兒童的民主氣度，例如：發表者有義務將自己的解題過程呈現出來，供大家欣賞討論，並對有疑問的同學做進一步的說明澄清；而觀摩者應尊重發表者，在發表者說明時要注意傾聽，如有疑問舉手發言。教師亦可充當觀摩者，提問要求發表者說明其解題歷程或驗證其答案的合理性，藉機示範提問技巧，亦可藉此掌握學生是否在進行有意義的學習。

　　對兒童有意義的學習，是指兒童真正懂自己在做什麼？說什麼？爲什麼要這樣做？並能提出合理的理由。下面的教室活動案例在說明對兒童而言是有意義的學習。

- 教學年級：一年級上學期
- 教學目標：數量 20 以內比較型解題活動
- 活動內容：

　　　　（教師口述布題）

　　鄔主任買了 9 顆蘋果，詹老師買了 12 顆水梨，請問二個人，誰買的水果比較多？

　　　　（兒童口述解題）

生：詹老師比較多。

　　　　（教師追問答案的合理性）

師：你怎麼確定詹老師的水梨比較多？

　　　　（兒童口述辯証解題的過程及答案的合理性）

生[1]：我先數 1、2、3、4、5、6、7、8、9 是鄔主任的蘋果，還要再數 10、11、12 才會到詹老師的水梨，所以我知道詹老師的水梨比較多。（兒童邊說邊數著手指頭）

　　　　（兒童圖示說明解題過程及答案的合理性）

生[2]：我可以用畫圖的說明。你看蘋果還少 3 個才會跟水梨一樣多，所以詹老師的水梨比較多。

生[3]：也可以說，水梨拿走 3 個，就跟鄔主任的蘋果一樣多了。所以還是詹老師比較多。

　　從上述的師生互動溝通模式中，教師可以很清楚的掌握學童是否真正理解題意及數學概念的形成。教師也可以從活動中發現一年級小孩溝通時所使用的解題工具（表徵活動）是肢體動作（扳手指頭）、圖象或具體物操作。這些表徵活動在說明，只要兒童的運思歷程有助於解題成功，對兒童而言就是有意義的學習。

二年級數與計算教材教學活動案例

● 教學年級：二年級上學期

● 教學目標：兩位數減兩位數（減數為 50 以內）的解題活動

● 活動內容：（師生共同佈題）

師：你們到文具店最常買的是什麼東西？

生：鉛筆啦！貼紙啦！飛機模型啦………。

師：請小朋友幫忙畫在黑板上，並且定個價錢，價錢不要超過50元（學生在黑板上畫上鉛筆、貼紙、飛機等圖案並標上價錢），現在鄔主任給每一組 55 元，買一種黑板上有的東西，請問還可以找回多少錢？

　　（學生分組合作解題）

　　（第三組發表解題歷程）

生：我們畫 5 個 10 元和 1 個 5 元來表示 55 元，把三個 10 和一個 5 畫掉，表示給老闆 35 元，剩下 20 元，請問大家有沒有問題？

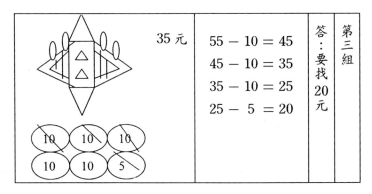

| | 35 元 | $55 - 10 = 45$
$45 - 10 = 35$
$35 - 10 = 25$
$25 - 5 = 20$ | 答：要找20元 | 第三組 |

生：請問這個 10 是什麼意思？（質疑）
　　（指 $45 - 10 = 35$ 裡的 10）
生：要買飛機模型裡面的錢。（辯証）
生：還是聽不懂。（疑惑）
生：就是 35 元裡面的 10 元，滿意嗎？（補充說明）
生：不滿意！（疑惑）
生：$45 - 10 = 35$ 是表示我們拿第二個 10 元給老闆，剩下 35 元。
　　（再補說明）
生：算式中出現 3 個 10 和 1 個 5，是第 3 組的記錄，要讓我們看清
　　楚他們付錢的方法。
生：哦！我清楚了。（協助澄清算式記錄的意義）

　　上述的案例，說明學童數學的學習是可以透過同儕交互辯証，幫助概念的澄清而建構數學知識。教師在班級發表文化中所扮演的角色，是營造可以自由討論的學習情境，讓兒童能充分地發表意見，透過理性批判、講道理的方式學習數學，教師苦口婆心似的講解勸告，不如兒童相互補充說明來得親切易接納。

四、評量的功能在促進師生的教學相長

　　教材的處理以及教學方法的選用和教學態度的改變，都跟傳統對學習的看法有些不同。所以學童學習後的效能如何認定，也必須重新思考，才能確定學童是否形成了個人的知識架構，且教學的實施亦達成了教學目標。

　　落實以兒童為中心的教學法，考量的重點非常重視與講究兒童獲取知識的過程，因此課室中兒童主動求知的解題態度和溝通方式，除了可提供教師評量情意態度外，至於內在運思的部分，則有賴兒童的反思活動，教師從兒童的反思記錄中，瞭解到個體認知的發展，也掌控到全班小孩的運思層次，做為教學內容調整的指標。

　　既然評量的目的指向兒童學習歷程的描述，當然兒童建構數學知識的過程，也就是評量的重心；而評量的結果除檢驗兒童數學能力的攀升外，另一功能則是若有兒童概念迷失時做為補救工作的依據。這裡所謂的數學能力，指的是解題能力、溝通能力、推理能力及聯結能力。若以前面四項數學能力標準來檢測學童學習數學的成效及教學的得失，評量的方式及內容就會有些不同。我嘗試做了一些改變，例如：課堂上討論完一個數學概念，我會要求孩子做「數學日記」，在家裡回憶上課的情形，或是自己依上課時討論的類型，自己出題、自己解題。

數學日記：記錄上課情形（一年級）

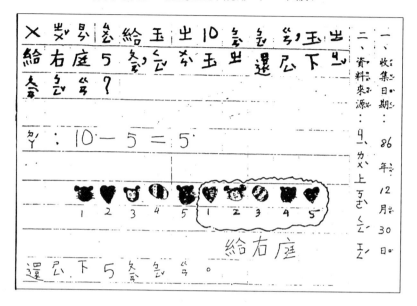

數學日記：自己出題自己解題（一年級）

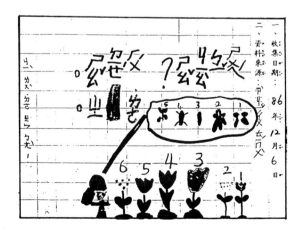

有時也鼓勵與家長合作出題，再解題。

數學日記：與家長合作出題解題

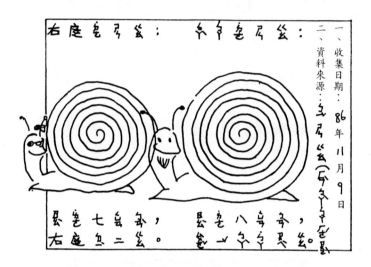

　　教師最後把兒童的解題記錄搜集整理，就成了每個兒童的學習檔案資料，我個人暫時把它定位為「卷宗評量」。

【評量方式：卷宗評量案例】

一年三班姓名 <u>李曉寧</u>　　評量教師 <u>鄔瑞香</u>　　　設計者：鄔瑞香 　　　　　　　　　　　　　　　評量日期：85 年 10 月 21 日	

評量範圍	數學第一冊第三單元，比比看（國立編譯館主編，85 年版）
評量目標	比較 10 以內兩個量的多少？
評量方式	教師或家長命題，兒童獨自解題。
評量重點	透過對應的方式或數序的先後關係，說明兩量比較的方法。
指導用語	例：有 5 匹馬在吃草，8 匹長頸鹿在喝水。比比看，那一種動物比較少？請你畫下來，並說說看。（可以用注音符號寫下來）

兒童解題歷程

教　師　評　析	說　　　　明
解題能力　☐☐☐ 溝通能力　☐☐☐ 推理能力　☐☐☐ 聯結能力　☐☐☐	1.利用序數概念及一對一比對策略進行解題。 2.透過圖象表徵進行思考活動。 3.從文字語言的描述中，說明解題歷程及結果的合理性。 4.圖象及符號的聯結進行解題。

學校裡的紙筆評量，我也做了某種程度的改進，例如：採用①情境式的命題：以一個生活情境做為命題的體材，兒童可從中篩選解題需要的資訊進行解題；教師從兒童的解題記錄裡讀出兒童對題意的了解及解題策略的使用。進而推知孩子解非例行性問題的能力。

紙筆評量：情境式的命題（一年級）

（一）丟丟看，數數看．20%

(1)圖裡共有几隻小鹿在吃草？（　）隻

(2)後來有2隻小鹿跑回家了，圖裡還剩下几隻小鹿呢？（　）隻

(3)全部的小鳥与全部的花全部加起來有几个？（　）个

(4)鳥与花哪个比較多？（　）比較多？

(5)又又來了2棵小樹，全部加起來種在草地，草地共有几棵小樹呢？（　）棵．

②判讀溝通能力的命題：命題的設計主要是測試孩子是否能讀懂與別人溝通的記錄（表徵活動），並對解題歷程的合理性及答案的正確性做檢驗說明，最後能以既有的經驗進行解題。

紙筆評量：溝通式的命題（二年級）

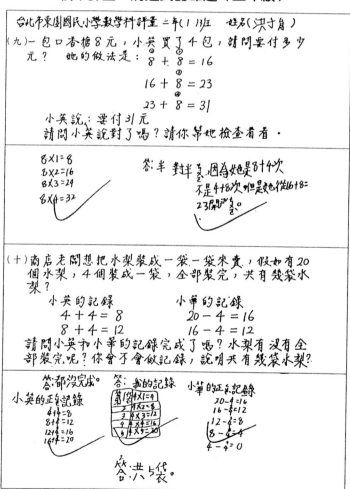

　　用上述的方式來評量學童的解題能力、溝通能力、推理能力及聯結能力，是我目前正嘗試在做的評量設計指標。

第十章
數學佈題的設計藝術

「眾裡尋她千百度，驀然回首，那人卻在燈火闌珊處。」，數學問題很多，能夠引起兒童數學解題興趣的數學問題卻並不多見。好的數學佈題不但要傳遞數學概念，引發學生的解題動機，還要兼顧學生的認知發展。

因此，數學教師必須要融合數學的知識結構，掌握兒童的認知發展，結合兒童的生活經驗，最後還要有一個轉化的機制，轉化成一個漂亮而有趣的數學情境。所以好的數學問題經常需要「眾裡尋她千百度」，才能讓學生進行有趣的數學解題活動。

壹、前言

　　本文是站在 Vygotsky 的社會建構論觀點，以鄔瑞香老師教學的案例，來說明「佈題」在數學教育當中的重要性，並描述「佈題」的類型，及其在數學教學當中的應用。筆者選擇 Vygotsky 所強調所謂社會建構論的觀點，來分析鄔老師佈題歷程的原因，是因為雖然建構主義強調知識是由學習者主動建構的，但是筆者在她的教室發現，兒童建構知識的歷程，是透過教師有意圖的引發，而鄔老師的佈題，正是引發學生解題活動的關鍵因素。

　　佈題的活動，經常不是老師呈現一個題目，學生就可以順利解題，老師經常需要透過許多的問話作為同儕解題的鷹架，協助學生的解題活動能夠順利進行。

　　另外，從鄔老師的教師日記也發現，她受到 Vygotsky 所提倡的最佳發展區（Zone of proximal development）觀念的影響，她的佈題活動其實在探索學生最佳發展區的一連串過程。

　　本文以「眾裡尋她千百度」作為標題，主要是筆者有一次訪問鄔老師，問她每一次上課的數學問題是怎麼想出來的，她說每一次的數學問題都是想了又想、找了又找，希望從學生的解題活動記錄、反省日記當中，找到一些可以引發學生活動的問題。有時候工作一忙，經常忘了吃晚飯，也經常工作到深夜。因此，筆者認為好的數學佈題活動，是老師經過嘔心瀝血的思索之後的發

現。好的數學問題並非唾手可得，乃是教師在經驗的腦海中尋尋
覓覓的結果。

　　以下筆者將研究文獻的論述，來分析佈題的屬性，並以筆者
研究的發現來說明佈題在數學教育的重要性。

貳、佈題的重要性及其功能

一、佈題在數學教育當中的重要性

㈠學習派典的轉變：數學教師是一個佈題者

　　從建構主義的觀點來看數學教學：「知識是由學習者所自行
建構的，而非被動由外界所灌輸的」。知識既然是學習者所自行
建構，兒童必然成為教學活動的主角，教師只是學習活動的引發
者，而非教學活動的主導者。所以數學教師從傳統「解題者」
（problem solver）的角色，成為佈題者（problem poser）（甯
自強，1993）。

　　佈題的功能在於製造一個有趣的情境，誘發學生思考、討
論、辯證、進而建構自己的數學概念。因此，佈題方式的選擇攸
關解題活動的成敗；而解題活動的成敗也會影響教師佈題的選
擇。教學的活動則是兩者交互影響的結果。

　　什麼是數學問題呢？問題常被定義為一個情境（situatu-
ion），在此情境中我們想到達某一目標（goal），但直接通往此
目標的路徑已經被阻塞了，問題因此產生了（Kilpartrick，

1985）。建構主義被數學教育工作者接受之前，傳統的數學教室中，教師不但是一個佈題者，同時也是一個解題者。傳統上，所謂好的數學老師，是能夠幫助學生快速解決問題的老師。學生只是一個解題類型的模仿者。

　　模仿式的解題，學生學習的方式依賴記憶能力，記住學生解題的類型和程序。這種學習方式造成小學數學教育強調太多的基本運算能力，較少注重數學概念的了解，許多學童離開學校之後，對數學抱有負面的態度，許多成年人對數學一科存在高度的焦慮與不適應（Cockroat Report，引自周淑惠，1995）。

　　國民小學的數學課程，可以說是由「問題」所組合而成的課程。它和其它科目最大的不同在於，數學課本有一系列的問題等待解決。傳統的數學教室中，教師經常把課本或指引設定好的題目拿來當作「佈題」的題目，然後教給學生模仿。所以老師和學生很容易假設，問題是簡單地存在在那裡，就像一座山存在在那裡一樣，等待人去攀爬（Kilpartrick，1987），很少人會懷疑山脈陡峭是一個問題，只會懷疑登山者的體能與技術。長期以來數學佈題一直被數學家認為是雕蟲小技，也經常被數學教育研究者所忽略（Gonzales，1994）。

　　誠如 Getzel（1979，引自 Kilpartrick，1987）所說的：「雖然有成千上萬對學生解題研究的文獻，卻幾乎找不到問題發現的相關研究。」研究者的努力，幾乎都集中在「如何提升學生的解題能力」上，一直到建構主義的思潮對數學教育發生影響，「數學佈題」才成為數學教育學者關心研究的課題。教師佈題的能力與技巧，其實才是決定數學課程運作成敗的關鍵（林文生，

1996）。

(二)問題是引發學生討論的起點

一個新的問題可能會引發（trigger）一組新的屬性（attribute），一組新的屬性可能引發新的問題；新的問題則讓我們對於某些現象產生新的洞察（newlight）。問題像車輛的引擎，是動力的引爆點，教學是否能夠引起學生解題的興趣，進而產生解題的動機及豐富解題的歷程，問題扮演著決定性的角色（Brown & Walter，1993，p61）。成功的教學佈題可以引發學生熱烈的討論；要提問題很容易，要提出好的問題卻很困難（Klipartrick，1987），好的問題不是存在於課本之中，而是師生共同建構出來的。老師必須要瞭解學生的次級文化，問題之中必須融入學生的生活語言、熟悉的生活事物、契合學生的學習經驗，進而達到建構數學概念的目的。

二、佈題活動的特質

(一)問題的情境要在學生的最佳發展區

Vygotsky（1978，p84）宣稱：「在比較有能力的孩子或成人的協助下，兒童的能力可以獲得較好的發展」。接著他又在後面說明：「所謂最佳發展區的界定是在那些尚未成熟，但已在成熟的進程中（in the process of maturation）的功能，明天會成熟，但目前仍在一種萌發狀態（embryonic），這些功能可以稱為發展的『蕾（buds）』或『花』，而不是發展的『果實（fruits）』」。老師要提供的是肥沃的土壤與適宜的情境，讓學生萌

發滋長。教育環境（context）的變化對發展的過程有著深遠的
影響（Tudge，1990，p159），在建構主義的主張下，老師是一
個問題情境的創造者，教師佈題的情境必須能引發學生解題的動
機、引發同儕之間的互動、發展學生解題的潛能，並提昇學生的
數學概念層次。在其中，語言扮演著決定性的角色（Durkin，
1991，p4）。

在說明最佳發展區和語言關係的時候，Vygotsky 曾經批評
Kohler 的實驗：「靈長類動物（primates）雖然可以模仿人類的
動作，但是牠不瞭解人類生活世界的意義，以靈長類動物的實驗
來解釋人類的行為並不適合；人類能夠學習的先決條件是兒童成
長的社會化歷程中充滿知性的生活（intellectual life），所以兒
童能夠模仿不同的動作，在團體活動或成人的協助下，甚至於可
以超越自身能力的限制。」猩猩可以在某種條件的限制下模仿人
類的行為，但是牠不可能被教導，因為牠不懂人類生活語言的意
義，兒童則不同，他們可以透過語言的溝通，瞭解成人世界或同
儕團體所傳達的訊息。

在小組之中，其實有些學生也像 Kohler 實驗的猩猩一樣，
他們並不懂數學世界的意義，他們無法被教導。他們可以和同學
一起聊天，數學課卻無法和同學一起工作。老師沒有心力注意他
們，老師經常和資優的學生對話，問題有人回答，進度就帶過去
了，卻很少注意到沒有聲音者的意見。有些學生雖然在六年級的
教室上課，程度卻停留在三、四年級或者更低的程度。除非老師
從佈題的觀點出發，讓每個人都有機會參與數學意義的創塑
（making sence），否則邊緣地帶的學生，數學認知的能力將沒

有機會進步，因為別人的解題行為並無法對他產生影響。並不是讓學生在一起討論，每個人的程度就會進步，如果數學的問題無法融入學生的生活經驗，數學的語言就無法讓參與的學生產生瞭解，溝通必然發生困難，語言就失去功能，數學學習變成一場無意義的模仿，而不是有意義的學習。

(二)佈題要考慮兒童的觀點

　　Davis（引自 Durkin，1991，p6）指出：「在教學的用字上（wording of an instruuction），以成人的標準來說，似乎是微小的變化，對兒童學習數學的工作，可能產生重大的影響。」，只是變化數字或改變一下內容，有時候，題目的屬性就變得完全不同。Hughes（引自 Davis，1991，p44）的例子最能說明這種現象：

　　　　成人：兩根棒棒糖再加一根是多少？

　　　　兒童：三（Three）。

　　　　成人：兩頭大象再加一是多少？

　　　　兒童：三（Three）。

　　　　成人：因此，二加一是多少？

　　　　兒童：（眼光直視著成人）………六。

　　老師如果不瞭解兒童的溝通語言，就無法瞭解學生學習數學的困難程度。數學教科書介紹給兒童的字眼，經常是一字多義（multiple meaning），而且有證據顯示，學生經常無法按照老

師的意圖來解釋文字的意思（Durkin，1991，p7）。例如，從研究的現場發現，學生無法用文字說明什麼是基準量？比較量？母子差？母子和？甚至於什麼是分子？什麼是分母？他們只懂得運算，他們無法做數學概念的溝通。

　　在學生的生活語彙中也發現，從來沒有學生應用帶分數的語言交談。學生如果要一又二分之一的東西，他們會說，你那一塊給我，後面那一塊再分我一半。生活語言當中的帶分數，整數和分數是分開的，而數學課程中卻是結合的。如果不考慮學生建構知識的途徑，只從整數、真分數、假分數、帶分數這樣的知數結構來教學生，其結果往往會失敗。因為這些結構是「成人本位」的，是成人設計好，等待學生來吸收（absorption）。

參、鄔老師數學教室當中的佈題活動

　　如果按照梁淑坤教授對數學問題的分類（梁淑坤，1994）：「教師設計題目以配合種種教學目標的稱之為『佈題』，由學習者自己想出一個數學題目來，稱之為『擬題』，若為考試而設計題目，則稱之為『命題』」。她認為數學佈題或擬題可以配合教學活動的需要，而分成：「教師佈題、學生解題」「師生共同佈題、兒童解題」「兒童自己佈題、自己解題」「同儕佈題、同儕解題」「與家人合作佈題、合作解題」等五種方式（梁淑坤，1996）。鄔老師受到梁教授對於教師佈題與學生擬題分類想法的影響，也希望讓學生參與佈題的活動，如此師生一起「共舞」

（Lampert，1988；引自梁淑坤，1997），與學生一起佈題一起解題，教室裡佈題與解題的責任都由學生承擔，學生就對自己的學習負起責任。所以，本文所稱的佈題，其實包含了教師佈題及家長與學生擬題等不同的類型。因此，以下筆者就以這五種分類架構，來分析鄔老師數學教室裡的佈題。

一、教師佈題，兒童解題

　　筆者在前面提到，佈題的功能之一，就是引發學生解題的興趣與動機，因此，只要老師提出的問題是好玩的，是他能力所及，是他熟悉的事物，孩子們都會沉醉在問題的情境當中。在兒童的遊戲玩當中，老師會很技巧的把數學性的素材隱含在裡頭，例如：對一年級的小孩，老師說：「請大家一起拍手拍三下。」「請每個小朋友跳五下。」「我想送給每個小朋友 20 顆巧克力（算珠替代）自己數，不要數錯喔！」「你會把數好的 20 顆巧克力畫在白板上給同學看嗎？」像這類問題，小朋友都在自我操控中完成，感覺就好像在玩，而老師的意圖是想透過聲音、肢體動作、操作、圖象等表徵活動，檢驗孩子 20 以內數概念的形成。

　　如果教室的氣氛是安全的、民主的，師生之間的心靈契約是穩固的，孩子的心靈是不設防的，想到什麼，就說什麼。當老師說：「把 10 枝吸管捆成一捆，現在 2 捆 8 枝吸管，合起來是幾枝吸管？」孩子很自然地回答：「28 枝吸管。」再問：「你怎麼確定是 28 枝吸管？」有的孩子說：「我是一枝一枝數的啊！」有的說：「我先數 10、20，再數 8 枝，就知道了。」有的說：

「一捆有10枝，二捆就有20枝，再加8枝就是28枝。」而老師的意圖，是想透過這樣的問話掌握孩子的解題策略，瞭解孩子的認知歷程，以及體察個別差異的存在。兒童因爲題目生活化，容易解題成功，因而樂此不疲。

如果從鄔教師與學生在數學教室當中與學生的互動，她會因爲兒童的現況而調整自己的問話方式，如果從鄔老師的問話方式來區分佈題的類型，又可將教師佈題細分爲診斷問題、主要問題、從屬問題、與衍生問題，茲分述如下：

(一)診斷問題

診斷問題的主要目的在於教學前，先確定學生學習的舊經驗或者學生的迷失概念，作爲老師教學佈題銜接的主要參考，例如教學前的訪談或診斷性測驗皆屬於此種類型。例如，鄔老師她有確定學生關於數學面積的舊經驗，所以她設計了幾個問題來問學生：

1.你學過面嗎？什麼叫「面」？

問題設計的目的：確定學生是否可以「面」這個字當作數學語言來溝通？

2.我們的周圍那裡有面？

問題設計的目的：確定學生是否可以根據感官的訊息，說出依附在物體上的面。

3.這些面長成什麼樣子？

問題設計的目的：確定學生是否可以利用圖形表徵該物體的面。

4.這裡有二塊一樣大的草地，在上面各挖了二個一樣大的水池（如下圖），請問剩下的草地，那個比較大？

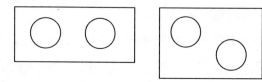

　　問題設計的目的：確定學生是否有面積保留概念？

　　診斷性問題，可能透過訪談或教師口述問題的型態來進行，也可以透過紙筆性的方式來進行。診斷性的問題除了上述的功能之外，還可以探索學生的最佳發展區（Zone of Proximal Development）發展出主要問題，以下筆者就來談談數學教學的主要問題。

□主要問題

　　主要問題的功能有兩種：一爲銜接舊概念，一爲發展新概念。主要問題必須要落在兒童的最佳發展區，也就是學生即將成熟卻尙未成熟的區域，用句通俗的話來說就是有點難又不會太難。例如，鄔老師在上課前出了一個問題當家庭作業：

請實際剪一條繩子長 20 公分，圍出下列圖形：

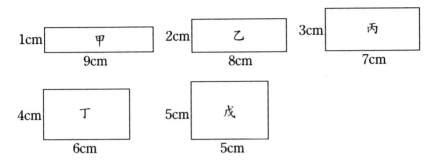

1.請問甲、乙、丙、丁、戊的面積各是多少？

2.你發現了什麼？

從這個回家功課，鄔老師發現了兩個問題：

　1.學生不會正確地使用單位。

　2.學生不會區辨公分、平方公分以及平方公分和平方公尺的關係。

　所以鄔老師佈了下面這個主要問題：

　（教師口述佈題）上次出了一個題目當回家作業，假如這一邊是 1cm，那一邊就是 9cm（老師畫在黑板，如甲圖），假如有 5 條繩子都是20cm，請五位同學出來畫畫看。（同學畫好之後）請問這 5 個圖形的相同點在那裡？

㈢從屬問題（follow up question）

　從屬問題是從主要問題引伸出來的問題，這類的問題對於主要問題通常有補充作用，可以讓主要問題更加清楚，也可以引發

學生進一步的解題思考。例如，上面的主要問題之後出現如下的對話。

學生回答：周長加起來都一樣。
老　　師：一樣什麼？（從屬問題）
學　　生：一樣長。
老　　師：一樣長要講出它的數字。（從屬問題）
學　　生：20cm。
老　　師：第一點，這五個圖形的相同點周長都是 20cm。第二
　　　　　點呢？（從屬問題）

　　　一個主要問題之後，通常緊跟著幾個從屬問題，形成了師生間的對話或交互辯證。除了師生的交互辯證之外，同儕之間也會產生交互辯證的情形，而衍生許多非教師預期性的問題。

㈣衍生問題

　　　衍生性的問題是指非老師預期性的問題，衍生性的問題有時候會干擾教學的進行，有時卻可以幫助學生概念的澄清。例如，學生在求下圖的時候發生了以下的對話：

9cm

1cm

翔（學生）：9 × 1 = 9　已經算出這邊，那另外一邊還沒算出
　　來，那要再算一次 9 × 1 = 9，再加起來這樣才對。

龍（學生）：他的意思是說 9 × 1 = 9 是代表長是 9cm，寬是
　　1cm，長×寬。

師：他的意思是說 1 × 9 = 9。
　　那為什麼不再來一個 1 × 9 = 9？
　　有沒有這個必要算兩次？他的問題出在那裡？

龍：他的問題出在 9cm 只有一個，就是 9 × 1 = 9

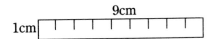

師：覆蓋這一片稱為多少？

仁（學生）：我知道！鄔主任。這一片代表 1cm，9 片代表
　　9cm。

生（全體）：對了！（鼓掌）。

　　衍生性問題可能是老師非預期題目，這其中隱含著學生若干
的迷失概念，老師如果能夠因勢利導，可以澄清學生的數學概
念。而沒有經驗的老師卻經常做錯誤的處理，直接將標準答案告
訴學生，或制止學生發言，對學生數學概念的形成都是一種斲
傷。

二、師生共同佈題，兒童解題

根據筆者的研究，國小學生數學解題發生困難，有一大部份是因為兒童對於教師佈題語言的解讀發生困難（林文生，1996）。讓孩子參與題目的設計，則解題就變成很自然且題意易懂，而題目的內容親切，解題策略的執行就比較容易進行，成功的機會也相對增加。

自信心增加以後，求知的熱誠顯而易見，可以從師生共同佈題完後，孩子熱切地參與討論、溝通解題記錄，進而達成共識這種景象，欣賞到學習的機制真正在課室中轉動了。讓兒童真正主宰了整個教室的學習氣氛，沒有客人的存在，只有意氣風發的小孩正全神貫注地在進行解題活動。例如，以下的問題情境，就是由老師引導學生來參與，師生共同佈題。

※ 教學目標：20 以內的合成分解解題活動。（和數不超過 20）

※ 教學對象：一年級上學期（約 6 歲）。

※ 佈題內容：設計一道上菜市場購買水果的題目，水果的數量和名稱，可以由兒童參與決定。

師：小朋友有沒有和媽媽或爸爸上過菜市場，或是到過超級市場買水果？買過什麼水果？什麼水果會裝在盒子裡賣？

生：蘋果、水梨、奇異果、蓮霧、草莓……。

師：請小朋友幫忙把這些水果畫在黑板上，裝在盒子裡（老師畫盒子，兒童畫蘋果、水梨、奇異果等圖案，並寫上個數），

不要裝太多，10 個以內都可以。說說看，每個盒子裡，裝
了多少顆水果？

生：（口述解題）……。

三、兒童自己佈題，自己解題

機械式的練習是枯燥的、乏味的，假設教師、家長能完全信
任小孩，讓他按照自己的意思、能力製造題目，並負責把答案找
出來，這其中的樂趣和成就感，及那種被尊重的感覺，都是後來
自我成長、自我突破的動源。

自己出題，自己解題，除可跳脫被動式練習的窠臼外，還有
助對非例行問題加廣的接觸，活絡思考的空間，培養創造的能
力。也因擺脫了傳統的束縛，孩子們設計的題目呈現多元性，反
映出兒童世界的樸拙稚趣。希望孩子在自創的天地裡慢慢形成獨
立思考、自我批判的省思能力（實例如附錄一）。

四、同儕佈題，同儕解題

社會是個群體結構，人與人之間必然產生互動；良性的互動
帶來和諧與進步，孩子在學習與成長的過程中懂得相互扶持與督
促，在同儕的激勵中獲得肯定與支持，對於 EQ 的成長不無助
益。

與同儕的互動中，學會從各種角度去看問題、解問題，同時
也藉此提昇自我省思的能力。因為要出題給同學做，必須具備檢
驗解題歷程及結果合理的能力，亦即能察覺別人不同的思考路
徑，由此拓展自己的學習經驗，獲取新知。

因為同儕之間的互動頻繁，相知加深，民胞物與的情懷更濃，暴戾之氣消弭無形，教室中愈見溫馨祥和。相互討論、交換心得之情景，屢出現於課室中（實例如附錄二）。

五、與家人合作佈題，合作解題

在沒有時空的壓力之下，能與自己的親人充分地討論、溝通，享受佈題的挑戰及解題成功的快樂，是人積極向上的泉源。父母藉此活動瞭解孩子的學習狀況；孩子也因而更體嘗父母的愛，而發展出健全的人格（實例如附錄三）。

肆、結語

數學題目在實際的教學情境中負載了多種功能，它不但要引發學生的學習興趣，促進學生良好的團體互動，還要塑造良好的解題氣氛，進而培養學生解決問題的能力。從實際的數學教室來看，教師的佈題活動，除了數學問題之外，還包含許多班級經營的技巧，例如建構師生之間的心靈契約，培養學生討論與合作解題的能力，都是教師佈題的範圍。因此，佈題是一個複雜的情境，而不是一個單獨的問題。

┌ 附錄 ┐

附錄一、兒童自己佈題，自己解題之案例

- 教學目標：1.分辨事件的發生先後。
  2.認識時鐘並報讀幾點鐘的時刻。
- 教學對象：一年級上學期（約6歲）。
- 佈題內容：兒童自己介紹自己一天的生活情形。（摘自台北市東園國小一年一班潘生85年1月13日的教學日記）

一、收集日期：85年1月13日。
二、資料來源：

（兒童手寫日記，附注音符號，含四個時鐘圖，時刻分別標示為 6:00、10:00、2:00、2:00 等。內容敘述「我一個人去外婆家，是外婆打來的。外婆說今天早上坐火車來看我們……」等一天的生活情形。）

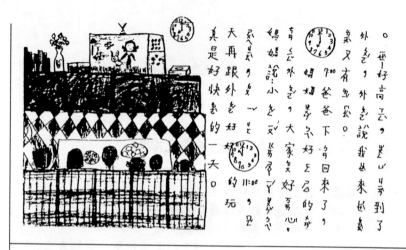

- 教學目標：利用序數表明順序和位置。
- 教學對象：一年級上學期（約6歲）。
- 佈題內容：誰在排隊，兒童自己設計誰在排隊，如何排，排隊的先後順序，由兒童自己決定，並做成紀錄（摘自台北市東園國小一年三班李生85年10月13日的數學日記）

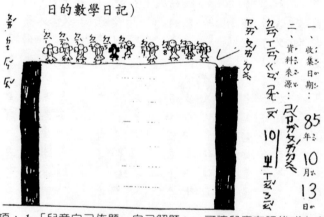

注意事項：*1.*「兒童自己佈題，自己解題」，可讓兒童在課後或在家裏做，不要有時間的壓力，可發展得更好。

2. 可請家長不宜介入太多，可與孩子溝通記錄的方式，但不要代筆。

附錄二、同儕佈題，同儕解題之案例

- 教學目標：用算式填充題記錄問題並解決「和數」在 100 以內的合成問題。
- 教學對象：二年級上學期（約 7 歲）。
- 佈題內容：（摘自台北市東園國小二年一班學童的作品）

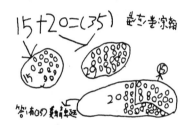

注意事項： 1.除了文字佈題外，亦可採口述圖象佈題的方式進行。

附錄三、與家人合作佈題，合作解題之案例

- 教學目標：比較 10 以內兩個量的多少？
- 教學對象：一年級上學期（約 6 歲）。
- 佈題內容：比比看，誰比較少？

　　　　　　（摘自台北市東園國小一年三班李生 85 年 10 月 21 日數學日記）

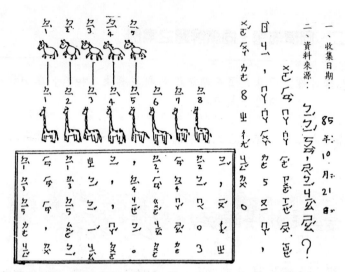

● 教學目標：利用複製物體長的方法，比較兩個不能拉直之彎曲物的長短。

● 教學對象：一年級下學期（約6歲～7歲）。

● 佈題內容：（摘自台北市東園國小一年級一班潘生85年4月9日的數學日記）

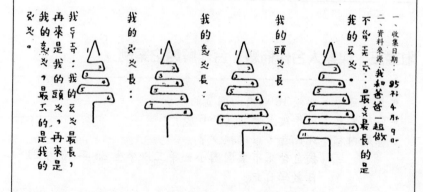

❖參考文獻❖

周淑惠（1995）：幼兒數學新論——教材教法。台北：心理出版
　　社。

林文生（1996）：一位國小數學教師佈題情境及其對學生解題交
　　互影響之分析研究。國立台北師範學院國民教育研究所碩士
　　論文。

梁淑坤（1994）：「擬題」的研究及其在課程的角色。發表於八
　　十二學年度數學教育研討會論文暨會議實錄彙編，國立嘉義
　　師範學院。

梁淑坤（1996）：教師如何配合數學新課程實施下的新需求？甯
　　自強編，國立嘉義師範學院八十四年度數學教育學術研討會
　　論文暨會議實錄彙編（頁，371-375，407-414）。

梁淑坤（1997）：教師如何配合數學新課程實施下的新需求。臺
　　灣省國民學校教師研習會主編。國民小學數學科新課程概說
　　（中年級）（頁，308-315）。

甯自強（1993）：經驗、覺察、及瞭解在課程中的意義～由根本
　　建構主義的觀點來看～。論文發表於國小數理科教育學數研
　　討會。台東市台東師範學院六月五日。

Brown, S.I. & Walter M.I. (1993). *Problem Posing: Reflection and Ap-*
　　plication. Hillsdale, NJ: Lawrence Erlbaum Associates.

Durkin, K. (1991). Language in mathematical education: An intro-
　　duction. In K. Durkin & B. Shire (Ed.). *Language in Mathema-*
　　tical Education: Research and Practice (PP.1-17). Philadelphia.:

Open University Press Milton Keynes.

Gonzales. N.A. (1994). Ppoblem posing: A neglected component in mathematics courses for prospective elementary and middle school teachers. *School Science and Mathematics,* 94 (2) 78-84.

Kilpatrick, J. (1985). A retrospective account of the past 25 years of reserrch on teaching and learning mathematical problem solving. In E. A. Silver (Ed.). *Teaching and learning mathematical problem solving: Multiple Reaearch Perspectives,* pp. 1-16. Hillsdale, New Jersey.: Lawrence Erlabaum Associates.

Kilpatrick, J. (1987). Problem formulating: Where do good problems come from? In A. H. Schoenfeld (Ed.). *Cognitive Science and Mathematics* Education (pp. 123-147). Hillsdale, NJ: Lawrence Erlbaum Associates.

Tudge, J. (1990). Vygotsky, the zone of proximal development, and peer collaboration: implications for classroom practice. In 1.C. Moll (Ed.), *Vygotsky and Education (Instructional Implications and Applications of Sociohistorical Psychology),* pp. 155-175. New York: Cambridge University Press.

Vygotsky, L. S. (1978). Interaction Between learning and development. In M. Cole, V. John-Steiner, & E. Sougerman (Eds.), *Mind in; society: The Development of Higher Psychological Process.* Cambridge, MA: Harvard University Press.

第十一章

另類問題，另類思考

　　另類問題，就是非例行性的問題，學生舊經驗當中沒有碰到的問題。因為學生無法運用公式化的算則來解決這個問題，所以學生要重新思考、重新組織解題的策略。

　　另類的問題，產生另類的思考。我們的生活當中，每天面臨的都是非例行性的問題，我們不可能將各種解決問題的模式預備好，等待問題的發生。因此，數學教育的目的不是訓練學生公式算則的死記，而是要培養學生重新組織資訊，面對非例行性的問題，提出解題的策略。

在根本建構主義主張教學的過程是師生交互辯證的歷程下，教師成為「佈題者」（problem poser），而非「解題者」（problem solver）（甯自強，民 82）。身為「佈題者」的老師僅提出問題，讓兒童自行提出有效的解題活動，使兒童成為真正的「解題者」。提供問題讓學生解決，許多的學習和知識的建構是透過社會互動，老師和同儕共同參與解題的。

當學生有機會和老師及同儕產生互動的時候，他們會說出他們的想法（verbalize their thinking），為他們的解題解釋或辯護（justify their solutions）。因為要解決衝突，所以學生有機會重新建立對問題的概念，擴展他們的概念結構，吸收（incorporate）不同的解題方式（Yack，Cobb，Wood，Wheatley 和 Merkel，1990，引自 Mary & Douglas，1992）。

在 1980 年美國數學教師協會所出版的「行動綱領」（The Agenda for Action，1980）第一條就建議：「『數學解題』應該是 80 年代美國數學教育共同努力的焦點。」解題的需求，因為數學問題的出現而存在，那麼如何設計適當的數學問題，就成為數學教學的重心。因為有問題的存在，才造成解題的需求。在教學的現場，筆者發現，題目的屬性牽引著學生解題的脈動；換句話說，老師決定了數學題目屬性的當時，就已經決定了參與討論的人數，以及學生互動的方式。題目是教學的重心、引發小組合作學習動力的泉源。

一個新的問題可能會引發（trigger）一組新的屬性（attribute），一組新的屬性可能引發新的問題；新的問題則讓我們對於某些現象產生新的洞察（newlight）（Brown & Walter, 1993,

p61）。問題像車輛的引擎，是動力的引爆點，教學是否能夠引
起學生解題的興趣，進而產生解題的動機，豐富解題的歷程，問
題扮演著決定性的角色。成功的教學佈題可以引發學生熱烈的討
論，適當的評量命題可以促進學生的思考。要提問題很容易，要
提出好的問題卻很困難（Klipartrick，1987）。

　　好的問題不是存在於課本之中，而是師生共同建構出來的。
老師必須要瞭解學生的次級文化，問題之中必須融入學生的生活
語言、熟悉的生活事物，契合學生的學習經驗，進而達到建構數
學概念的目的。

　　在根本建構主義主張教學的過程是師生交互辯證的歷程下，
教師成為「佈題者（problem poser）」，而非「解題者（prob-
lem solver）」（甯自強，民 82）。

　　身為「佈題者」的老師僅提出問題，讓兒童自行提出有效的
解題活動，使兒童成為真正的「解題者」。

　　學生所進行的解題活動，解的是非例行性的題目（另類問
題）；所謂非例行性的題目，是指學生經驗之外的題目，也就是
迥異於學生解題活動經驗類型的題目。筆者在教學的現場發現，
非例行性的題目能夠引發學生面對問題、挑戰困難的動機（另類
思考）。

壹、非例行性問題的個案

　　在筆者觀察的個案當中，有一位老師她習慣使用課本的題

目，這些題目通常有一組標準答案，及一到兩組的解題方法。課本出現的問題或類似題，筆者稱之爲例行性的題目，這些題目，因爲在課本當中有標準的解題格式或答案，學生的解題方法很容易受影響，模仿解題的格式，但不知道解題格式的意義。

　　有一次該班的老師心血來潮，希望改變題目的數字，不要讓學生抄襲課本的答案，想不到，更動題目的數字，卻改變了整個題目的屬性，而引發了完全不同的解題現象。

案例一、改變問題內容所形成的非例行性問題

　　在數學課本第十一冊第九單元，怎樣解題㈢中，原來課本的佈題是這樣的：

　　用 1 元或 5 元的硬幣湊成 200 元，有幾種湊法？

　　先簡化問題，選比較小的數值湊湊看：

　　⑴ 17 元和 20 元的湊法………（數學課本 80 頁）

　　該班的老師將題目修改成以下的問題：

> 用 1 元和 5 元的硬幣湊成 50 元，有幾種湊法？
>
> 用 2 元和 5 元的郵票湊成 17 元，有幾種湊法？

　　第二個題目對學生來說，是一個非例行性的題目，是課本原來的公式所無法解決的，這個題目是意外產生的，老師原本只想改換一下數字，不要讓學生參考課本的解答，想不到改變一個數字，竟然改變一個題目的屬性，而引發一連串的解題活動。首先

第一題符合課本的公式「湊法＝總數÷大數再加1」，所以答案是：

$$50 \div 5 = 10$$

$$10 + 1 = 11$$

A：11

第二個題目如果套用這個公式就變成：

$$17 \div 5 = 3 \cdots\cdots 2$$

$$3 + 1 = 4$$

但是從列表發現答案是2。聰明的學生趕緊幫答案找一個解釋，公式應該改為：

湊法＝總數÷（大小兩數的最小公倍數）再加1

所以第一題應該是 $50 \div 5$（1和5的最小公倍數）$+ 1 = 11$

第二題應該是 $17 \div 10$（2和5的最小公倍數）$+ 1 = 2$

也符合第二題的答案。但是這種規律馬上又被下面的發現所推翻：

3元和5元的郵票要湊成22元，共有幾種湊法？如果以上面的規律來計算，就變成：

$$22 \div (5 \times 3) = 1 \cdots\cdots 7$$

$$1 + 1 = 2$$

但實際上卻只有一種湊法。

5元	2
3元	4
總數	22

　　因為舊的規律無法解釋新的例子，學生又修改原來的規律：「要知道是否要加 1，需要由餘數來判斷，例如用 5 元和 3 元湊成 42 元，42 ÷ 15 = 2……12，3 元可以湊成 12 元，所以要加 1。」這個規律沒有說明整除的時候怎麼辦？所以又被推翻了。最後有一位同學發現用不同的數字去拼湊，有不同的規律。

　　雖然最後學生沒有歸納新的規律，但是解題的歷程卻比得到正式答案收穫還多。有一位同學在她的反省日記中表達她的心聲：「今天老師在教數學，用 2 元和 5 元的郵票湊成 17 元有幾種湊法？講到一半我才恍然大悟，原來同一個題目，換了數字，算法不一定相同。以前用 1 元 5 元湊 50 元，我都這樣算 50 ÷ 5 = 10，10 + 1 = 11，但是 17 又不能被 5 和 2 整除，有幾個湊法就要另外找出規律了。」

案例二：遊戲式的非例行性問題

　　數學課如果也是一場遊戲課，那該有多吸引人。在數學教室當中發現，遊戲式的數學問題的確是魅力無窮。以下是晴老師教室的教學案例（83，12，27 現場日記）：

老師：今天各位同學把桌子和椅子推開，空出中間的地方來，我們來玩握手遊戲，每一組先找四個同學。

老師：耶！（全班學生一起動作，很快就把桌椅推向兩旁，然後很有默契地四個人形成一組，人數不夠的，就找筆者來充數。）

老師：每兩個人只能握手一次，不能重複。然後看看四個人握手

能夠握幾次，把它記錄下來。（每個學生都參與這個工作，這是我在現場第一次看到全班參與活動而且面帶笑容。）

老師：現在每一組換成五個人握手，看看能握幾次？（學生很快地換成五個人一組的形態，進行握手的活動。）

老師：現在每一組六個人。（學生馬上轉變成六個人一組的形態）

活動結束，老師讓學生回到各組，把剛才的紀錄畫成表格，然後看睛老師自己也在黑板上畫一個表格（表格1），讓學生發現其中的規律：

表格1

人　數	3	4	5	6	7
握手數					

經過師生的一番問答之後，完成了如表格2：

表格2

人　數	3	4	5	6	7
握手數	3	6	10	15	21

經過小組討論之後，學生用試誤的方法，發現$(n-1) \times n \div 2$這樣的規律，可以滿足這五種不同的情況。他們的解釋是自己沒有辦法和自己握，所以要減一，再乘以總人數會重複算兩次，所以要除以二（其實他們的解釋還不足以說明為什麼乘以總人

數）。後來有位學生發現這樣的規律，和幾何圖形當中有幾個頂點可連成幾條線的現象是一樣的，所以，她畫圖 11-1（見下頁圖）的情形來表示。

　　本來是一個團體遊戲，現在已經成為一個數學問題，遊戲和數學的規律產生了聯結。（後來筆者從晴老師的晤談當中得知，這個題目是老師參加板橋教師研習會辦的研習活動時，周筱亭主任帶她們做的一個活動）。

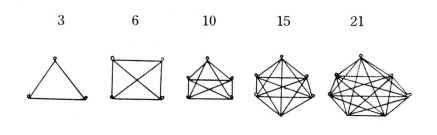

圖 11-1

案例三：和生活結合的非例行性問題

老師：如果你們每組開商店，自己當老闆，你們想賣什麼隨便你們，現在各組討論（老師轉身在黑板寫出以下的式子）

列成：定價：

　　　售價：

　　　賺取的金額：

　　　　　　　　　　　　　　　　──84，03，13 現場日記

從這個題目引發出許多數學上「意義」的問題，因為自己要當老闆，所以一定要懂得什麼是定價？售價？才能算出賺取的金額。從開設商店的遊戲，雖然沒有達到原來教師所預期的目標（原先老師希望從這個題目之中讓學生瞭解加幾成的觀念），但是後來發掘到學生心中的疑惑，然後再進行討論。這樣的問題討論，跟教師指定問題討論的結果是不一樣的，反應卻是比其它的時間來得熱烈。

學生開始討論他們要販賣的東西，然後討論價錢，以及如何賣才能賺錢、賺幾成等等。這個問題的內容，已經是學生參與設計了，是學生自己出題目給自己解，這個活動比老師設計的題目，更能引發學生的參與和解題興趣。

後面這兩個題目是筆者在現場當中，發現比較可以引發學生社會運作的題目，這兩個題目有一些共同的屬性：第一，先以遊戲形式出現，引發全班參與。第二，遊戲的內容都和學生的生活息息相關，每個學生都可以直接參與。第三，遊戲的情境，是模擬的數學情境。第四，透過模擬數學情境的經驗覺察，去建構數學概念。

第一個屬性，筆者稱之為「遊戲性」：在現場筆者也發現，遊戲是學生最喜愛的工作。如果老師沒有安排遊戲活動，幾乎每一堂課都有學生創造他們的遊戲形態，或傳紙條、或折飛機、或扯衣袖，只要老師一轉頭，這些現象隨時都在發生。如果佈題的情境帶有遊戲的屬性，學生遊戲的慾望獲得滿足，這些現象自然會消失。

第二個屬性，筆者稱之為「生活性」：學習從生活開始，是

最自然的方式，猜拳和模擬開店是學生經驗之中都具備的生活經驗，所以這兩個活動的規則就不需要再花時間講解，學生很快就能參與。

第三個屬性，筆者稱之為「數學性」：遊戲的情境，目的在於引發學生數學概念的學習，所以遊戲之中必然隱含著數學概念的學習，所以遊戲的情境是一個模擬性的數學情境。模擬性的數學情境經常在遊戲之中附加數學條件，例如，握手的次數不能重複，開店要設定價、售價、再算出利潤，這些附加的條件往往可以引發真正的教學目標。從這個屬性可以看出來，真正的教學目標是隱含在有趣的遊戲當中。

第四個屬性，筆者稱之為「參與性」：遊戲只是一個媒介，目的在於引發學生學習的興趣，主動參與活動，透過經驗覺察，去建構自己的數學概念。筆者也發現，透過學生本身的參與所建構出來的數學概念，學生比較能夠說明數學規律產生的原因。如果透過老師講解的方式所獲得的規律，學生經常知其然而不知其所以然，在溝通上經常發生「卡住」的現象。

帶有社會互動屬性的題目雖然可以引起學生學習的動機，但是在晴老師的教室出現得太少。最主要的原因是好的題目取得不易，這兩個問題一個來自研習會，一個來自課本題目的改編，都是外來的資源。老師本身需要有創造題目的能力，好的題目才能源源不絕。

由於一般老師對於教學佈題與評量命題兩者的屬性，並沒有清楚地區分，造成評量命題可能是教學佈題的延續，教學佈題也可能是評量命題的延伸，兩者經常交錯影響。評量的題目，大部

份是教學題目的類似題,評量的概念都是教學概念的延伸,所以評量的範圍經常是特定的幾個單元,很少超過平時教學的範圍。範圍小就方便學生的背誦,評量的命題也都是例行性的題目,方便學生利用反覆練習的方法拿高分。兩者交錯影響下,就形成學生機械式的學習,老師把原料輸入進去,學生就製造出同一規格的產品。

貳、非例行性問題在數學教育的重要性

非例行性的的題目,有時候是一種不設目的的題目(不是以傳達數學知識為目的的題目),這種題目具有幾項功能:

一、可以引發學生解題的想像力:

因為題目沒有可以套用的公式,所以每個學生都可以發展一套合理的規律,作為解題的假設。因為要形成假設,所以學生要發揮他自己的想像力,這是例行性題目所不及的。

二、讓學生感受到數學的規律有其限制,不一定放諸四海而皆準:

非例行性的題目經常會推翻舊有的規律,讓學生感受到數學規律也可能被推翻,它不是真理,而是暫時性的假設。

三、提供學生有創造規則的機會：

非例行性的題目出現時，在學生的反省日記上發現，學生對規則的發現很有興趣，討論的篇幅也比平常多。許多平常反省日記寫得很少的學生，也開始熱烈討論起來。有的是討論別人發現的規律，然後設法打倒；有的是自己創造規律再自己推翻。雖然結果並沒有發現規律，但是過程卻是一趟豐富的發現之旅。

❖參考文獻❖

甯自強（民 82）。「建構式教學法」的教學觀～由根本建構主義的觀點來看。國教學報，5，33-39。

Brown, S.I., & Water M. I. (1993). *Problem posing: Reflection and Application.* Hillsdale, NJ: Lawrence Erlbaum Associates.

Kilpatrick, J. (1987). Problem formulating: Where do good problems come from? In A.H. Schoenfeld (Ed.), *Cognitive Science and Mathematics Education,* pp.123-147. Hillsdale, NJ: Lawrence Erlbaum Associates.

Mary, K. & Douglas, D.A. (1992). Mathematics teaching practices and their effects. In D.A. Grouws (Ed.), *Handbook of Research on Mathematics Teaching and Learning,* pp.115-126. New York: Macmilian Pub.

National council of teachers of mathematics (1980). *An Agenda for Action.* Reson, VA: NCTM.

第十二章
建構以人文主義為核心的新課程

　　不管是學校的軟硬體有多好，設備有多新，這些都是教育改革當中學校外觀的改變，但最重要的是，教師本身的觀念與態度要更人性化。

　　二十一世紀最重要的工作，就是要讓每一個人瞭解人之所以為人的意義。教育本身就是目的，教育不是工具，教育本身即在豐富我們的心靈，而非透過許多的工具來滿足我們心靈的需求。

　　我們社會中的許多病態現象，都來自於心靈空虛的結果，而空虛的心靈唯有仰賴更多的物質來填滿。因此，自我膨脹、不守法的現象就發生了。所以我們教育孩子，不僅傳授他們知識技能，更重要的是教導他如何做一個人。

　　不管政府增加多少教育投資，不管學校的建築、硬體設備做得再好，這些都是教育的外部改變。教育的外部改變並不能確保教育品質的提昇，要提昇教育品質，一定要從教育的內部改變著手。從教育的內部來看，我們需要更人性化的教師，我們需要更人性化的教育（陳英豪，民86）。唯有激發教師對教育的熱誠與奉獻，讓教師共同來建構以人文主義為核心的新課程，教育改革才有成功的希望。

壹、人文主義教育的特質

　　人文主義的教育，目的在於重視人的價值、喚起人的自覺、提昇人的責任，培養學生對社會的關懷以及無私無我的態度。人文主義學者強調，學校教育的目的不僅在培養學生從事一種職業或專業能力，而且在培養一個健全而具有人性的「人」，所以學校課程不宜只注重生產技能與專門知識，而應該同時指導學生瞭解周遭社會文化環境變遷的人文意義………，進而充實生活的內涵，提昇生活的境界（郭為藩，民75）。以下筆者試從五個層面來說明人文主義教育的特質：

一、以生活教育與品德教育作為課程的中心目標

　　人文教育強調人生責任、人倫關係、人格價值（郭為藩，民75），係以生活倫理和品德修養為核心的情感教育。民國82年頒佈的國民小學課程標準開宗明義就揭示，生活教育和品德教育

是國小階段的中心目標（歐用生，民 84）。加強生活教育與品德教育的目的，在於培養學生開闊的胸襟及豁達的思想，對生活充滿熱望、對自然充滿關懷、對人類充滿信心、對學習充滿興趣，並能善用科技資訊來改善人類的生活。

二、以知識的建構作為學習的方法

目前社會各階層、各領域都在逐步加強自主能力，主體性的追求成為現代社會的明顯趨勢，這種趨勢使指導式的教育越來越不能充份符合需求（行政院教育改革審議委員會，民 85）。廿一世紀，我們將面臨的是一個資訊爆炸的社會，我們再也無法灌輸一些不變的真理，去適應瞬息萬變的社會；取而代之的是培養學生主動建構知識的能力。

三、以開放多元的環境作為學習的鷹架

要適應學生學習的個別差異，學校必須提供多元的學習管道，開放學習的場所與資源，彈性調整學習的時間與學習的型態。從目前的固定課程，轉變為隨著師生互動的結果而調整的動態彈性課程。彈性多元的學習環境，才能滿足學生的個別差異，並對個別的學習困難提供積極的協助。

四、以培養學生自勵學習的能力為導向

人文主義重視人的價值，強調人的主動性與自發性。自勵學習是提供學生一個海闊天空的思維空間，讓蟄伏的心靈得以解放，暫時拋開成人的權威與禁制，讓創造思考的思緒得以飛揚。

兒童從協商之中重新建構生活的規律與規則，教師從一個主導教學的角色，轉化爲一個教學情境的佈置者、傾聽者與困難的協助者。讓兒童成爲真正學習的主角，主導學習的方式與進程，透過反省的機制不斷修正自己的行爲，成爲一個主動積極、適性發展的學習者。

五、以鄉土教材為教學媒介

基於「立足臺灣、胸懷大陸、放眼天下」的理念，國民小學增加鄉土教材的內容。希望透過鄉土的人文環境、歷史、語言、藝術等等鄉土文化做爲媒介，延續傳統文化與個體一脈相承的臍帶，萌發學生對鄉土文化的關懷，蘊育其對人的尊重，對物的珍惜，重視人際關係的親暱與和諧，肯定人生的意義與人格的價值。

雖然人文主義爲核心的新課程，對於教育的未來勾勒出一片美好的願景，但是新課程到了學校，受到了校園傳統文化的抵制、教學方法的固著，以及教學支援不足等因素的影響，造成「理想課程」與「運作課程」之間的落差。

貳、影響學校課程發展的不利因素

草根模式的教育改革，要以學校作爲改革的中心。但一般認爲，學校是一個很根深蒂固的制度，維持了社會的穩定性，減少了改革的衝力，阻礙了改革（歐用生，民 85）。造成學校課程

的阻力大約來自三大方面：

一、學校傳統文化的抵制

　　課程的改革並不是只有教科書的改革，也不是只有課程標準的改革，而是整個學校文化的改變；包括師生互動方式的轉變、親子關係的不同、教師角色的更動、同儕文化、教師與教師之間的交互作用，新、舊課程的設計都有天壤之別。然而，每一所學校都有他傳統的文化、組織型態、甚至於既得利益團體等等，都不是一本課程標準所能改變。

二、教師教學方法的固著

　　傳統的教師習慣老師講學生聽，而新課程則希望採取合作學習的方式，讓學生經由討論、辯證，主動建構知識概念。但是新課程新教材到了老師手上，傳統的教師依然教師講、學生聽。老師的教學方法不改，新課程的精神永遠無法實施，以兒童為主體的人文精神永遠無法實現。

三、教學的支援不足

　　新課程的實施，教師無論在物理、心理或社會上都是孤立的，教學成為孤獨的旅程：教室只有一面鏡子，就是學生，只能從學生的反應中獲得回饋，視界受到侷限。教師沒有時間觀察同事教學，不願也不能提供視導經驗，教學無由改革，只好緊閉心扉，知性孤立（歐用生，民85）。

　　基於上述課程發展的盲點與障礙，校長要發揮課程領導的角

色，突破課程發展的盲點與障礙，建構無障礙的學習環境。

參、校長要發揮課程領導的角色，建構無障礙的學習環境

教育改革乃是一種有計畫的變革。要確保改革成功，就必須事先審慎研議、規劃周詳（張清濱，民86）。Dalton（1988，引自歐用生，民85）研究了一所學校的課程革新過程後發現：學校能否將革新方案制度化，取決於校長如何執行其領導者的角色，以及學校中溝通、協調和意思決定等行政結構。因此，課程標準當中的人文精神及內涵，要順利轉化為學校當中實際運作的課程，需要校長運用智慧發揮人性化的教學支援，引導教師成為課程的研究者、教學的設計者，建構無障礙的學習環境，加強學生反省實踐的能力，落實美育教學的內涵，發展多元評量方法作為新課程實施的有效機制：

一、發揮人性化的教學支援

人性化的行政措施，要以服務代替領導，以支援代替命令，以協商獲得共識。新課程的實施，需要提供相關的研究資訊、教學媒體及不同的教學空間來支援教學。因此，從校長、主任到相關的事務管理人員，都需要瞭解課程的內涵，重新建構人性化的行政體系，發揮行政支援教學、理念引導學習，讓教師能在充裕的教學資源之中，創造歡欣的學習環境。

二、引導教師成為課程的研究者、教學的設計者

　　許多的專家學者，試圖提供一套標準的教學模式在教室裡實施，最後發現這樣的理想和教室當中的實際運作有相當大的落差。Shavelson（1983）認為教師是一個類似醫生的專業人員，在一個不確定、複雜的環境中不斷地做決定，並把決定付諸實行。教師必須有課程研究的能力，掌握教學的脈絡，設計美好的學習情境，引發學生參與學習的動機，並主動去找尋資訊建構知識。因此，校長要引導教師成立學習型的組織，聘請課程專家到校做專題演講，和相關的學者專家合作，讓學校成為課程的研究中心，教室成為課程的實驗室。唯有教師提昇專業水準，具備課程研究、與教材設計的能力，我們的教育才能真正讓學生適性發展，把每個學生都帶上來。

三、建構無障礙的學習環境

　　無障礙的學習環境包括無障礙的建築景觀、零拒絕的學習場所，及高關懷的心理環境。因此，無障礙的學習環境並非只針對身心障礙的學生而言，任何一個學生不能適性發展，學習困難無法獲得解決，都是一種障礙。所以，建構人文主義的學習環境，要以學生的需求為考量，讓兒童在學習的過程當中，基本的需求都能獲得滿足，進而追求理想的自我實現。

　　配合新課程的實施，校長不應只重視優等生學習的高成就，也要建立完善的補救教學系統，照顧需要協助及身心障礙的弱勢團體。讓孔子「有教無類、因材施教」的理想，早日在校園之中

實現。

四、加強學生反省實踐的能力

人文教育強調人生責任，重視實踐篤行。本次修訂的新課程當中的道德與健康、鄉土教材、自然、與美勞等學科，都強調與生活結合，並重視學習結果的實踐與反省。

因此，校長應該鼓勵教師和家長合作，考核學生在家的實踐能力。校長也要召集教務主任、級任教師共同研商如何善用導師時間，讓學生對自己的行為提出反省，透過反省的活動修正自己的行為。

五、落實美育教學的內涵

人文主義特別強調美育教學的重要性，因為美育教學經常被忽略，而美育又是生活當中不可或缺的潤滑劑。美育是道德統整的教育，美育教學需要透過藝術的鑑賞，和遊戲的活動達到物我合一、精神自由的境界。

因此，校長應該規畫週末的藝術饗宴、文化櫥窗、藝文參觀，以及有趣的遊戲場所，讓兒童透過藝術鑑賞和遊戲當中所滲透的美感經驗，讓他幼小的心靈孕育著藝術的細胞，將來在生活當中能夠欣賞別人，悅納自己。

六、發展多元化的動態評量

傳統的評量方式是靜態的評量（static assessment）。所謂靜態的評量是指在評量的過程中，依一定的標準化程序進行，而

不給予受試者任何的協助（Campione，1989）。所謂動態評量是指在教學前、教學中及教學後以因應及調整評量情境的方式，對兒童的認知能力進行持續性的評量，以瞭解教學與認知改變的關係。經由教學後，確認兒童所能達到的最大表現（Day & Hall，1987）。動態的評量是人性化的評量，目的在於協助解決學習上的困難、增加學習的信心，以及發展學習的潛能。動態評量的方式，可以透過師生對話、實作評量、檔案評量等方式進行。目的在於創造學習的成功經驗，並調整教師的輔導策略。

肆、結語：創造人文的學習環境，超越教化的心靈

面對二十一世紀資訊爆炸時代的來臨，教育再也不適合用傳統的教育方法，將固定的答案灌輸到兒童的腦海中，教育需要的是創造一個溫暖、民主的學習環境，讓 IQ（智力）、EQ（情緒）與 CQ（創造力）都能均衡地發展；人文教育的環境，要開拓知識的天空，讓兒童的思緒自由地翱翔；人文教育的課程，要超越教化的心靈，讓兒童在師生的互動當中建構自我的知識概念。Adler 等人強調：「沒有不可教的兒童，只有未善盡責任的學校」（郭爲藩，民 75），希望透過每位校長與全體教師的努力，建構一個以人文主義爲核心的新課程，把每位學生都帶上來。

❖參考文獻❖

行政院教育改革審議委員會（民 85）：教育改革總諮議報告
　　書。台北市：行政院教育改革審議委員會。

張清濱（民 86）：教科用書的編印、審定與選用：一些理論與
　　實務的探討。研習資訊，*13*，(14)。

郭爲藩（民 75）：科技時代的人文教育。台北：幼獅文化。

陳英豪（民 86）：我們需要人性化的教師。板橋教師研習會 86
　　期校長班演講辭。

歐用生（民 84）：國小新課程標準的內涵與特色。載於臺灣省
　　國民學校教師研習會編（國民小學新課程標準的精神與特
　　色）。

歐用生（民 85）：教育改革聲中迎接國小新課程。國民教育月
　　刊，*37*，(1)。

Campione, J. C. (1989). Assisted assessment: A taxonomy of appro-
　　aches and an outline of strengths and weekness. *Journal of
　　Learning Disabilities*, 22(3), 151-165.

Day, J. D., & Hall, L. K. (1987). Cognitive assessment, intelligence,
　　and Instruction. In J. D. Day & J. D. Day & J. G. Borkowski
　　(Eds.), *Intelligence and excepionality: New Directions for Theory,
　　Assessment, and Instruction Practices,* pp. 58-80. Norwood, NJ:
　　Ablex.

Shavelson, R. J. (1983). Review of research on teachers' pedagogical
　　Judgements, Plans and decision. *Elementary School Journal,* 83

(4), 392-413.

第十三章
數學評量的另類思考

　　傳統評量的概念，是在檢驗學生學習的成果以及學生的能力。評量之後，只會讓考高分的學生更驕傲，考低分的學生更沒有信心。傳統的評量最為人詬病的是，有測驗沒有診斷，或有診斷卻沒有輔導。評量之後，學生的學習方法也沒有獲得協助或改善。

　　數學評量的另類思考，是以多元的觀點，來論述評量的工具與功能。主張評量不但要檢驗學生的能力，也要診斷學生學習的方法。因此，評量也是一種協助學生能力發展的工具。多元的評量方法，才能發展學生多方面的才能。

從評量的歷史來看，傳統的教育測量（Educational measure-ment）背後，都有一組心理測量的理論作爲測量目的的基礎（Webb，1992），影響評量方式最爲深遠的理論，當首推行爲學派及認知心理學派。行爲學派的派典重視具體的目標及量化的數據，這派典的代表人物，當首推 Bloom（1956）。他對於兒童認知的領域定義在「對試題的反應」。另外一個認知導向的派典，則深受 Piaget（1965）學說的影響，評量試圖透過多元的途徑，去探討學生解題的歷程。在認知導向的評量，就不只是分數的等級，而兼有瞭解、協助、診斷、治療的意圖在其中。所以認知導向的老師，試圖讓學生把解題的歷程說出來，或寫出來。

綜合這兩種趨向，Webb（1992）將數學的評量也分成兩種不同的趨向：一種是將數學評量當作事實、技能和概念綜合的反應（Approaches reflecting mathematics as a collection of facts, skills and concepts），另一種趨向是將數學當作一種知識結構體的反應（Approaches reflecting mathematics as structured body of knowledge），在兩個大類別之下，又可細分爲幾個小細目，如下所述：

壹、數學評量當作事實、技能和概念綜合的反應

一、主題式評量（topic approach）

「這種評量方式，是依照數學不同的單元內容來評量，例如代數、幾何 、或測量等等。」這種方式，在小學的數學小考也經常使用，如每單元的隨堂測驗。

例如我們設定的主題是「解決被除數為三位數，除數為一位數，商為二位數的包含除問題。」為了達到這個目標，於是我們就做了如下的數學命題：

「蘋果 211 顆，每人分 6 顆，盡量分完，可分多少人？剩下多少顆？」透過這樣的問題來檢定（或診斷）學生是否具備處理「解決被除數為三位數，除數為一位數，商為二位數的包含除問題。」的能力。

二、個案式的診斷評量（special case approach）

「這種評量方式有點類似輔導的個案，目的在於診斷（diagnostic）學生的學習能力在哪一個階段發生了問題？」我們可以藉由診斷性測驗（diagnostic test）來瞭解，例如，在本研究中有一個案，他經常算成 1/3 ＋ 1/3＝2/6，我們試圖從他分數學習的歷程去尋找發現，看他在那一階段的概念錯誤，以致於造成他錯誤

的解題。

　　結果發現學生在建構分數概念的時候，單位量的概念發生混淆，例如，1/3 ＋ 1/3 應該等於 2/3，因為加數及被加數所依據的單位量不變。如下圖所示：

　　但是有些學生對於分數的單位量的概念產生混淆，結果答案就等於 2/6。如下圖：

　　有了這個發現之後，教學者就可以很容易地進行補救教學，讓學童先澄清單位量的概念，再進行分數的加減法。

三、定期評量（behavior approach）

　　「定期評量，需要有明確的範圍。」像國小數學科的定期考查，都設定了明確的範圍，這種方式雖然使用普遍，但是評量的焦點是學生做了什麼，而非學生知道了什麼？

　　傳統的評量方法，有許多的學校都採取定期評量的方式，作為學生學習成就的主要依據。這種評量的好處是統一時間考試，方便教師掌握教學進度，及管制學生的學習成效。缺點是只有測驗沒有診斷，考不好的學生也沒有機會獲得補救教學。

四、實作評量（performance approach）

「實作評量是藉由評量者每天系統化的觀察，蒐集資料評定個人的學習成就。」這種評量最大的好處是可以訓練學生實際操作的能力，而非紙上談兵。在數學的一些單元中，例如電算機的操作，需要實際操作的內容，並不適合使用紙筆測驗。實作評量最大的問題是，實施上需要較長的時間，及投資龐大的經費。

但是，從國際數學競試的結果發現，我國學子在實作問題的得分偏低，這可能和我國教師偏好紙筆測驗的習慣有關。因此，如何提昇教師實施實作評量的能力、提昇學生實作的水準，也是我國評量工作的重點之一。

五、歷程導向的評量（process approach）

「歷程導向的評量，主要的重點在於評估解題的歷程、高層思考的技能、或其它思考策略。高層思考能力的評量，在實際的教育上是一個重要的問題，現代的能力測驗並無法提供學生對於開放性問題練習的機會。」歷程導向的評量，重點不在於獲得系統性的資料，而是評估學生解題之中所使用的創新技能，與複雜而廣泛的解題過程。歷程的評量可能是開放性的答案，例如：「這個題目有幾種分法？」「這個題目有幾種可能的答案？」這種評量方式，有助於刺激學生的腦力思考，發展多元的解決問題的能力。但是，評量過程無法標準化，評量結果很難和家長溝通，都是歷程導向評量所面臨的實際難題。

歷程導向評量必須配合小班教學實施。當班級人數減少之

後，教師就有充分的時間，將歷程導向的評量結果做質化的分析。質化的分析，有助家長瞭解學生學習的現象，質化的分析，家長看到的不只是一個分數，也是一段問題的呈現。

貳、數學評量當作知識結構體的反應

一、統計導向評量（statistical approach）

　　「這種評量方式最主要的目的，在於評估每位學生在同儕團體之中的相對位置，許多的常模參照測驗都是使用這種模式。」例如年齡常模分數及百分等級標準常模分數。統計是評量的有效策略，卻不是唯一的策略。統計可以幫助教師找到問題的方向，卻不一定能夠提供解決問題的辦法。

二、矩陣導向評量（matrix approach）

　　「這種評量通常將內容和行為分成幾個對照的細格。」（如表 13-1 所示）例如 Bloom 將認知的類型分為知識、理解、應用、分析、綜合、評鑑；Quellmalz（1985）則分成記憶（recall）、分析（analysis）、比較（comparison）、推論（inference）、評鑑（evaluation）（Stiggins, Griswold & Wikelund, 1989）。都屬於矩陣導向的評量。

表 13-1　矩陣評量模式

行　爲

	1	2	3	4	5	6	7
A							
B							
C							
D							
E							

內容

三、特定領域的評量（domain approach）

　　「和主題式評量比起來，特定領域的評量提供更明確地界定和限制，例如，在主題式評量界定在數字的運算；在特定領域趨向可能界定在 999 以內的數字運算，範圍比前者更爲清楚明確。」這種導向的好處就是目標明確，學生容易準備，老師容易命題。缺點是範圍小，學生容易考了這個單元，忘了那個單元。

四、概念（或規則）導向的評量（conceptual（rule）approach）

　　「這個方法和領域導向有點類似，所不同的是概念導向，所評定包括問題、情境、思考的運作和符號的表徵。例如加法、乘法等相關的概念。這種評量方式可以用來追蹤學生的某種概念是否成熟。」在實際的教學上，我們發現很多除法不會的同學，其實是乘法的概念還不熟悉。

概念評量的問題和普通測驗的問題不太相同，概念評量的問題通常會有一連串的資訊，然後請受試者做整合或比較。例如：

1 / 3

2 / 6

2 / 7

1 / 4

以上四個數，哪一個最大？哪一個最小？爲什麼？概念的表述，必須透過問題與問題之間的辯證、澄清之後，重新聯結，建構爲受試者的解題類型，並內化爲受試者的解題機制。透過這樣的流程，就可以確定，受試者建構的是數學的概念，而非零碎的數學知識。

五、知識統整式的評量（knowledge integration approach）

「這種評量方式最主要的目標是在評量學生的數學概念是否已經統整？例如加、減、乘、除四則的混合計算，是否能夠統整四種概念之後應用。此外，知識統整式的評量還包括態度、動機等學生個人的特質。」

知識統整是一個必然的趨勢，不過，統整性的評量，學生比較不習慣，平時數學的內容和進度都十分密集，如何消化再統整，對於師生都是一大挑戰。

參、數學紙筆測驗評量的方式

一般教師比較常用的數學評量方式有紙筆測驗、實作測驗、上課觀察等方式。最常被老師及家長接受的方式,還是以紙筆測驗為主。像一般定期考查、聯考、數學能力鑑定,也都以紙筆測驗為主。紙筆測驗依其命題的格式,大約可以分為下列幾項:

一、是非題

傳統的測驗,是非題經常是考試的第一大題。目前已經比較少見,最主要的原因是,是非題的鑑別度不高,有 50 ﹪猜對的機率,而且是非題的內容對不對經常容易引起爭議。所以,在數學科的評量中,是非題逐漸被摒棄不用。

二、選擇題

選擇題通常被認為是客觀測驗中較適合評量高級心理歷程的一種測驗方式。一個選擇題在結構上可以分為兩部份:一是題幹(stem),包含一個問題的陳述;一是題目(option),包含一個解答(key)及若干誘答(distractor)(汪榮才,民 81)。

題幹的部份需要正確而科學的描述,讓答題者很清楚地瞭解出題者的意圖。在學生解題的晤談當中,筆者發現,許多學生錯誤解題的發生,是來自於對題幹的曲解。例如有一道選擇題:「如果甲數能被乙數整除,則乙數是甲數的①合數②質數③倍數

④因數。」正確答案是④因數。但是有的學生答③倍數。

原因不是他對於因數或倍數的觀念錯誤，而是對於「甲能被乙整除」這句話之中何者為除數，何者為被除數的關係弄不清楚。這種例子比比皆是，因此教導學生數學概念的同時，語言精確的使用，也是重要的課題。

三、填充題

填充題大部份是單一概念的測驗，例如用「長方形有幾個對邊平行」來考驗學生對於四邊形平行的概念，或者是計算的練習。

填充題的好處在於出題方便、配分容易，而且不易猜題。每個題目都有一個標準答案，老師閱卷容易。但是試題沒有答題的計算過程，老師很難知道學生的答案是如何產生？題目又多為單一的概念或計算，容易流於背誦或機械練習。不過它仍然是評量中經常出現的題目。

四、配合題

配合題是由選擇題變化而來，在結構上通常包含一個前提欄（premise column）。前提欄中列有若干項目，這些項目分別蘊涵一個問題；反應欄中亦列有若干項目，作為前提欄之選目（汪榮才，民 81）。

配合題考的都是學生先前概念的再認（recall）能力，通常題目當中都是一些相關的答案，因此，學生很容易辨認正確的答案。命題者經常要十分小心。

五、計算題

計算題是數學命題當中比重相當大的一項。計算題的題目通常數字很大,分數占了很大的份量,計算題最重要的評量目的在於檢驗學生對於「數」的關係,以及數的運算的掌握。從 IAEP 的競試結果來看,我國學生的計算能力經常能夠名列前茅。

計算速度的快、準,是一般教師和家長努力的目標。但是過份地重視計算能力,容易造成數學的機械人──看到數字就想吃。所以在複雜的應用問題上,他經常會失去耐性而將數字拼湊起來,或靠關鍵字來解題。如果是非例行性題目或關係複雜的題目,學生經常沒有嘗試的耐心和勇氣。

六、應用問題

應用問題是學生最感頭痛的題目,應用題的類型不一。通常題目都會有一個生活情境,讓學生依照這個情境,應用所學的數學概念來解決這個問題。命題的方式有下列幾種:

㈠題目用文字描述,然後用數字作答:

例如:「林家有塊三角形花園,面積是 4.8 平方公尺,底是 800 公分,問高是多少?」(這種命題方式,是國內最常見的模式。)

㈡題目用文字(words)描述,然後用語言(verbal)說明(Webb et al.,p19 引自 Webb,1992):

例如：「棒球賽的包廂座位，每張 10 元；一般座位每張 5 元，有 100 人去看球賽，總共花了 750 元，下面解題都不是真的，請說明：

　　1. 全部買 90 張包廂的票。

　　2. 60 張包廂票，30 張一般票。」

(三)開放性的題目：

　　開放性的題目通常沒有固定的答案，例如：「丈量操場的跑道，你可以想出幾種方法？」，開放性的題目，通常在訓練學生思考變通的能力，重點在歷程，而非結果。

肆、傳統評量的困境及缺失

　　無論是行為學派或認知學派，對於評量的研究，都還停留在「工具」導向的研究。也就是希望透過評量背後支持的理論，發展出一套能夠精準測量出學生能力的「評量工具」。這樣的研究結果，有以下幾個明顯的缺失：

一、只從心理學的小宇宙來看評量的問題

　　缺乏對制度面巨觀的觀照，因此學生學的評量理論，到了教學現場，並沒有辦法施展。學校既有的評量制度沒有改變，學生學的評量理論經常會藏諸名山，等到要再修評量理論的時候，才會再拿出來。筆者曾在 84 年 11 月 5 日，學校期中考前訪問一位

師院結業生，問她考前用了什麼評量理論來讓學生考試，她說：
「給她們多考幾次」，我又問她：「那師院的評量理論呢？」
「忘了差不多」她說。心理學對評量的研究假設評量現場是一個
理想的情境，忽視了教學現場人與人之間複雜的交互影響。

二、評量的目的在於發現學生的缺點，而不是開發學生的潛能

前面筆者提過，標準化的評量研究是把人當作評量的工具，
透過評量的機制，將人類的才能化約為各種不同的等級。而且不
管是診斷性評量、形成性或總結性評量，目標都是在發現學生的
缺點，然後進行補救教學。難怪學生都討厭評量或拒絕評量。這
種評量模式的研究，容易戕傷學生潛能發展，扼殺學生多元發展
的機會。

三、單向度的智力觀

如果用紙筆施測的方式獲得學生在數學方面的分數，來判定
學生的數學能力好不好，其實我們只獲得了這樣的訊息：在我們
提供的情境下，學生是否擁有解決我們所提供的數學問題的能
力。除此之外，關於他數學溝通的能力、主動建構數學概念的能
力、以及應用數學解決問題的能力，我們都毫無所悉。可是我們
卻容易以這樣的訊息來判定一個學生的數學能力（像定期考查的
成績）。

四、評量的命題是「成人本位的」

不管研究的問題設計得再精巧，這些觀點都是成人本位的，都是研究者的觀點。除非我們花時間去瞭解學生的思考，否則問題與答案之間，永遠是兒童在揣摩成人的心意、模擬成人解決問題的過程，而不是在鼓勵兒童去創造解決問題的方法。

伍、評量方法的改變與改進

評量方法的改變，不是要尋找一種新的方法替代傳統的評量模式，而是建議以多元化評量的方法，來衝擊目前以紙筆測驗評定百分等級爲主的評量文化。多元化評量的內涵，包括鼓勵老師使用多種評量工具，以及評量的結果意義化等等。

一、多元評量的目的：

多元評量的信念來自於以下三點理由：

1. 多元的評量工具，提供多元學習的管道

從實際的研究發現，有些題目，紙筆測驗不會的學生，透過實際的實物操作，卻學會了。另外，有些文字閱讀比較困難，也可以透過錄音帶的說明，同樣也可以發展解題的能力。

2. 多元評量的工具，發展多元的智慧

有些習慣於紙筆測驗的學生，面對一些非例行性的問題，經常會打結。例如：「猜猜看？操場的面積是多少？」「怎麼測

量旗竿的長度？」。

如果學生已經習慣多元評量工具，那麼，對於各式各樣的非例行性問題，就有了解題的信心，及解題的策略。

3.多元評量的策略，可以發現學生多樣的學習能力

如果從多元智慧的觀點來看，每個學生都有他聰明的地方。因此教育不應該給學生貼標籤、分等級。如果老師習慣於一種評量方式，那麼，有些學生可能是班級當中永遠的低成就者。因此，多元的評量工具，才能發現學生多樣的才能。

二、多元評量的意義

1.評量是一種潛能開發

評量是一種發現，發現學生與生俱來的潛能，以及建構知識的路徑來指導學生。因此，評量是一種潛能開發的工具。透過多元評量工具的使用，不斷地去發掘學生學習的潛能。

2.評量是一種協助

評量是對於學習者學習問題的瞭解，並提供協助的辦法或解決策略。因此，評量是一種協助，一種積極而有效的協助。

3.評量是一種意義的詮釋

評量的歷程充滿豐富的意義，老師必須要進入學生的觀點，去詮釋學生在學習歷程所呈現的意義。

陸、結語

綜上所述,評量在師生的互動當中,負載著多重的功能。它不再只是傳統上評定學生百分等級的工具,它還扮演著「診斷」、「瞭解」與「協助學生發展」等等多重功能。老師必須要放棄傳統上將評量當作評定學生學習成就的工具,需要有多元的觀點、多元的評量技術,以協助學生有效學習、成功發展。

❖參考文獻❖

汪榮才(民 81):臺灣省八十學年度國民中小學教師命題競賽優良試題彙編,臺灣省政府教育廳編印。

Bloom, B. S. (Ed.) (1956). *Taxonomy of educational objectives: The Classifcation of eductional goals: Handbook 1. Cognitive Domain*. New York: Longman.

Krutetskii, V. A. (1976). *The Psychology of Mathematical Abilities in School Children*. Chicago: University of Chicago Press.

Piaget J. (1965). *The Child's Conception of Number*. New York: Norton.

Quellmalz, E. S. (1985). Needed: Better methods for testing higher order thinjing skills. *Educational Leadership,* 43(2).

Stiggins, R.J., Griswold, M.M., & Wikelund, K.R. (1989). Measuring thinking Skills through classroom assessment. *Journal of Edu-*

cation Measurement, (3) 26, pp.233-246.

Webb, N.L. (1992). Assessment of students' knowledge of mathematics: Steps toward a theory. In D.A. Grouws (Ed.), *Handbook of Research on Mathematics Teaching and Learning,* pp.165-196. New York: MacmilLian Pub.

第十四章

跳出傀儡的命運

——做一個主動學習與獨立思考的學生

　　兒童是學習的主體，而不是學習的傀儡。適應未來的社會，知識不能只是像食物一般，從老師的手中傳遞給學生。未來的學生必須要在複雜的情境當中做抉擇，做判斷。

　　因此，從哲學的觀點來看，教育要培養的是兒童主動建構知識的能力，形成自我的知識網絡，適應未來社會生存的能力。

　　從社會學的觀點來看，教師要尊重孩子的想法，並且培養孩子如何尊重別人。在培養孩子基本知能的同時，也發展孩子說理、溝通、尊重、合作、悅納的民主素養。

　　從心理學的觀點來看，教學的目的，不只是在於增加新的知識，更重要的是培養學生學習的動機與學習的方法。教師要對於學生認知的歷程有充分的瞭解，並且適時地給予學生必要的協助，讓孩子成為一個具有獨立學習能力的人。

　　因此，以兒童為中心的課程，學校應該提供學生選擇課程的機會，並且協助兒童擬定自我學習計劃。讓兒童成為一個學習的主體，一個擁有自勵學習能力的孩子。

　　我們和社會世事的關係，自一開始我們就是採取主
動。我們並不是坐在那裡，等待社會事件來衝擊我們；我
們主動努力去解釋它，想要去瞭解它的意義。我們設法解
決它所帶給我們的問題，用我們的智慧去詮釋它，我們以
自己的想法來說明這個世界。

——Donaldson M.

主動學習的新「視界」

　　「全是贏家的學校」《Redesigning Education》一書的作者
Wilson & Davis（1994）指出：「過去十年來教育改革徹底失敗
的原因是，美國的教育改革還緊守著過時的教育觀，不只在今日
無法發揮功能，更無法符合當今的需求。除非我們對教育的意義
及本質的傳統預設得以消失，代之以新的典範思考，否則再好、
再適當的改革構想，也必然失敗。」

　　只重視表相或枝尾末節的改變，終將難逃失敗的命運。教育
的改革要回到結構面、制度面，最後要回到教育的本質。什麼是
教育的本質呢？就是培養學生適應未來社會所需要的能力。

　　如果我們現存的教育機制，已經無法培養學生適應未來社會
所需要的能力，教育改革的需求就產生了。

　　教育改革所需要的是新的典範，典範所提供的不只是一張思
考的地圖，它也提供規劃地圖時的一些方向。一個人在學習某種
典範時，他同時學習到理論、方法和標準，而這些通常是密切關
聯在一起的。

　　那為什麼又要建構新的典範呢？大約來自兩方面的原因：一

個原因是舊的學習模式，造成太多學習失敗的例子；另一個原因是要培養一般學生適應未來社會變遷的能力。

傳統的學習如何造成失敗的例子，我們來聽聽 Gardner 的研究，他說近幾十年來所匯集的眾多研究報告，證實了接下來這個聳人聽聞的說法。這些研究發現，即使訓練有素、表現很好的學生（例如，讀好學校、乖乖上課、成績很好、很受老師讚賞的學生），通常也沒有充分理解他們所研習的課業內容。

其中最令人觸目驚心的例子是物理。約翰霍浦金斯大學、麻省理工學院和其他知名學府的研究人員發現，只要題目的型式稍稍異於課堂的典型教學或測驗，即使物理成績特優的學生，也往往無法解決一些基本的物理問題（陳瓊森＆汪益譯，民 84）。

除了解決傳統教育失敗的問題之外，面臨資訊網路漫延的時代，優秀的教育不再是傳授一組兒時學會的技能，或透過當地大學短期的研習所加強的基本技能而已。新世紀的教育觀是一段終生學習的過程，它訓練我們如何駕馭資訊解決問題、發揮想像、致力創造，同時也精熟特殊科技資訊。學習要培養的不只是增加學習的資訊量，更重要的是培養學生蒐集資訊與組織資訊的方法。

所以學習的典範，不能再停留在教師教學生學，將知識當作食物一般送到學習者的口中。學習應該是由學習者發動，知識應該是學生主動建構的結果。

如果從哲學的觀點來看主動學習，主動學習是將學生的角色，從受教的客體轉化為求知的主體，因此，主動學習的哲學基礎，應該是強調學習者主動建構知識的建構主義。社會學強調的

學習是，意義創塑與再創塑過程的詮釋社會學與批判理論。心理學就要談到認知心理學、後設認知、以及 Vygotsky 的學習理論。

本文就以哲學為體、心理學為用，社會學為輔，建構成主動學習的理論基礎。

建構主義的思潮

建構主義可說是一個十九世紀末迄今，一個走向「人本」的知識論思潮，跨越哲學、心理學、社會學等多個學術領域。其根源可以遠溯至十八世紀 Kant 的批判主義（朱則剛，民 85）。

Kant 認為理性主義與經驗主義兩個理論的困境在於必須仰賴客體作為知識的參照點，而忽略了知識的主觀因素。Kant 的主張則著眼於客體究竟是如何地呈現於（appear to）認知主體之中，他主張知識的要素不在於主客體之上，而在於所謂的現象界（phenomenal realm）——它是一種心理結構，可以組織吾人的經驗，並促成主客體之間的互動。他說認知（knowing）是一種世界的存活概念（viable notion）的建構，而非外在實體的真實鏡面（Thomas，1994）。

建構主義承續 Kant 的理念，嚴格區分形上學的信念與科學或理性知識的差別。前者旨在反映本體中的事實，後者則被認為主體賦予工具的功能，即用以掌握個人的經驗世界。再者，知識並非真實世界中的複製（copy），科學知識亦不例外，科學及其計算應當視為應用經驗進行預測的工具，並不足以宣稱掌握實體世界的真理（von Glasersfeld，1989；引自洪志成，民 80）。

除了來自於 Kant 在哲學上的主張，建構主義思潮興起的主要原因，是對主流的「實證主義」（positivism）所主張：以自然科學的實驗方法，為知識的唯一標準的看法之反動（朱則剛，民85）。

實證主義主要的觀點乃是認為科學的理論是建立在客觀的、和理論無關的觀察之上，所以理論不能影響觀察，而觀察的結果經過歸納的步驟則可以得到理論。他們也認為科學家所使用的這套方法（歸納法）與科學的內容無關，可以轉移，且和使用的人無關，是絕對公正、客觀的，所以所得到的知識其客觀性也不容置疑。

實證主義的觀點完全忽視了研究者的主觀意識與價值判斷，而遭致許多的科學家如 Popper、Kuhn、Bronowski、Feyerabend、Lakatos、Polanyii、Toulmin 等人的批判，這些學者雖然在許多問題上面的觀點並不一致，但對於建構論的基本理念，也就是認為知識是人所建構出來的，認為感官所察覺到的訊息最主要的是決定於人們已有的知識、信念和理論，因此，觀察和理論是密切相關的這些看法上，他們的觀點倒是頗為相似。換句話說，就科學哲學觀點的演變而言，上述建構論的基本理念已在科學哲學界漸漸取得共識（郭重吉，許枚理，民 81；引自郭重吉，民85）。

除了科學哲學派典的轉移，von Glasersfeld 從知識進化論的觀點來看建構主義，他認為在認知心理學的領域之中，Piaget 是建構主義的先鋒。他認為知識概念是經過仔細思考之後的重新定義，是一種調適的功能。

　　換言之，我們認知努力的結果，目的在於結合我們的經驗世
界，而不是提供一個可能存在於我們經驗之外，客觀的表徵世
界。這種看法，和本世紀初的進步主義學者 William James、John
Dewey 的看法有很多不謀而合的地方（von Glasersfeld，1991）。

　　J. Piaget 的觀點與 Kant 有類似之處，他認為吾人的經驗可以
被同化於時空的形成（form），或是理解的類目（categories of
understanding）之中；兩人均以心理結構為其核心概念，將客體
定位於主體的心靈結構之中；其不同之處在於所採用的途逕，
Kant 認為此一歷程係透過時間與空間的形式，Piaget 主張其乃透
過行動（action）中各種基模（schema）的協調。他們的論述可
以說是建構主義的先趨者（洪志成，民 80）。

　　建構主義到了 Piaget 對兒童的觀察研究，已經從認識論的一
種想法，轉化成對學習的一種心理學的主張。加上 von Glaser-
sfeld 等人的推波助瀾，對教育產生深遠的影響。

壹、從建構主義的觀點來看學習

　　什麼是建構主義？Piaget 說：「兒童排珠子，或打破玻璃的
原因，都是在創造規則，而不是去發現早已存在世界裏的規則；
然而，他得經過一系列身體及心靈的活動，以使各種規則化的智
慧結構建構起來，才能做這些事情。」（引自 Donaldson，引自
楊俐容譯，民 78）。

　　建構主義的派別很多，但對於建構主義的基本主張：「認知

主體所獲得的知識是個人內心主動建構的,而非被動地承受外界環境的施予」的看法卻相當一致。建構主義的主張打破了知識是由外在世界所灌輸的傳統,建立以學生為學習主體的概念;也就是強調學習者的主動性,與認知內化的重要性。

建構主義的理想,如何落實在教與學的情境之中呢?根據板橋教師研習會數學小組的實驗發現,小學生建構知識的歷程,必須經過「經驗」、「覺察」、「理解」與「內化」的過程。經驗的階段係應用學習者的舊經驗來銜接新知識,舊的經驗包括生活經驗和學科知識的前置經驗,新的概念必須從舊的經驗之中萌發,學習才能產生覺察。覺察係指學習者對於自身的學習現象產生聯結,聯結包括知識縱貫式的聯結與橫斷式的聯結。學習者對於學習的現象能夠產生聯結,並可以用聯結的概念來解決新的問題,這時候我們稱學習者已經「理解」,理解的知識形成自身的信念或行動,我們稱學習者已經達到「內化」的階段。知識的建構就是不斷地「經驗」、「覺察」、「理解」與「內化」的循環過程。知識建構論和傳統的教學理論有以下的不同:

㈠建構觀不同於傳承觀

建構主義學者的共同主張為:「知識是學習者主動建構的結果,而非外界所施予」。傳統的教師有時把學生當作一架攝影機一樣,認為學生只會被動地將課堂上和教科書的資訊不加變更地自動拷貝下來而已,其實教師應把學生當作主動的消費者(active consumers)(王美芬等著,民84)。von Glasersfeld(1991)很清楚地指出:「知識不可能像食物一樣,從大人的手中直接

傳遞給兒童」，老師只是提供烹調的素材，兒童必須透過自我的
認知機制，主動地調理適合自己口味的食物。

(二)教學（teaching）觀不同於訓練（training）觀

教學的目的在於讓學生產生理解，訓練的目的則在於讓學生
展現能力。例如數學面積的概念，教學觀的教師是讓學生瞭解什
麼是面積？矩形的面積為什麼等於長乘以寬？使學生的生活概念
和數學概念產生聯結。訓練觀的教師，則針對教學目標的要求，
利用反複練習的方式讓學生熟練算則，在考試的時候表現出好成
績。

(三)關聯性的理解不同於機械式的理解

數學教育學家Skemp（1987）提出了兒童學習的兩個現象：
一為關聯性的理解，一為機械式的理解。前者不單是明白什麼方
法可行，而且還知道為甚麼可行，進一步讓學習者將方法和新問
題結合起來。機械式數學只需要記憶哪一些問題用哪一個方法解
決，然後學習一個不同的方法去解決另一個新問題。而關聯性的
理解，學生不但知其然，而且知其所以然，學習者理解後的知識
可以作為高層概念的基礎。例如學生經過自我的經驗覺察，最後
發現三角形面積＝ 1/2 底×高，由此類推長方形、平形四邊形和
梯形的不同法則。用機械性的理解背第一個公式雖然很快，但是
不同的幾何圖形，卻要背好幾個不同的公式。

㈣內發性的動機不同於外塑式的增強

von Glasersfeld（1991）指出：「有趣的思考勝過千言萬語的讚美。」增強的效果只是短暫的，增強的結果是學生對於增強物有興趣，而不是對於學習有興趣，增強的效果只能改變學習者外在的行為，卻無法影響學習者內在的認知結構。真正能夠引發學生學習動機的是有趣的思考，而非外在的增強物。有趣的思考來自於有趣的問題，而有趣的問題，必須能銜接學生的舊經驗，並能夠引發學生解題的好奇心。

㈤佈題者不同於解題者

在根本建構主義主張教學的過程是師生交互辯證的歷程情形下，教師成為「佈題者」（problem poser），而非「解題者」（problem solver）。身為「佈題者」的老師僅提出問題，讓兒童自行提出有效的解題活動，使兒童成為真正的「解題者」（甯自強，民 82）。傳統的教師不但呈現問題（通常是格式化的問題，由專家設定好的問題），而且擔任解題者，將問題的標準答案傳授給學生。所以韓愈說：「師者所以傳道、授業、解惑者也」老師是知識傳遞者，也是標準的決定者，而學生是一個問題提出者，也是一個標準答案的模仿者。

因為老師是知識的權威，問題的解決者，因此，學生容易養成等待標準答案的習慣，變成一個知識的依賴者，而非知識的建構者。

擔任佈題的老師要精心設計問題，開發學生的潛能，並且在學生解題的過程中觀察學生的反應，然後再提出問題，協助學生

建構正確的知識概念。

㈥重視兒童學習的路徑差

　　建構式的學習，重視兒童自然的想法以及有意義的學習，真正落實以兒童爲本位的學習。因此，個別差異也不同於以往僅限於「時間差」，更增加了所謂的「路徑差」（甯自強，民 82）。換句話說，個別差異在過去，只注重學得同一概念時間上的不同；如今不但注意到時間上的不同，也注意到同一概念上不同成熟的路線。兼顧兒童自發性的不同路徑的發展，更加落實了兒童本位的教育理念。

㈦知識是協商的歷程，而非傳承的結果

　　Mary & Douglas（1992）指出：「教學是經由協商模式，而不是知識的傳承」。換言之，教學的歷程不應該只有老師的「傳道、授業與解惑」，應該也有學生參與、討論、合作，一起解決問題。85 年版的小學數學課程引進建構主義的思想，希望「透過小學生的數學學習活動，讓學童養成溝通、協調、講道理、理性批判事物，與容忍不同意見的習慣（教育部，民 82）。」其所要求的新的教室環境，除了期許教師能成爲具有溝通、協調、講道理、理性批判事物、與容忍不同意見的習慣的人之外，也要求老師更進一步培養兒童成爲一個善於溝通、協調、講道理、理性批判事物，與容忍不同意見的習慣（劉好，民 83）。

㈧強調知識是反省的結果

雖然 Piaget 在五十年前就說過：「運作的知識是反省的結果」，但是心理學的主張卻深深受到經驗主義的影響，認為知識來自於感官，直到最近後設心理學的主張才重視反省的重要性。

從建構主義的觀點，無疑地，反省是知識最主要的來源。根據 Piaget 的實驗，當學生發生錯誤時，由老師指正的效果最差，由同儕互相校正的效果最好。老師對學生摸摸頭，也會造成學生的學習效果，但這不是概念的學習，而是學生對老師的「乞求」。語言不能傳達知識，除非它合乎學生本身的概念結構。

一、建構主義對學習的啟示

越來越多的研究發現，知識是由學生主動建構，知識不可能像食物一樣，從大人的手中傳遞給學生。學習需要學生的主動性與自願性，培養學生自勵學習的能力，是目前教育的重點，也是學生學習的關鍵能力。

培養學生自勵學習的能力包括引發學生學習的動機，養成自我管理、自我決定與自我負責的行為與習慣。要培養學生主動學習的能力，必須從下列幾方面來著手。

㈠善用空白課程，培養學生自我規劃的能力

空白課程的內容可能是由師生共同建構的，也可能是由學生獨立設計自己的學習活動，空白課程需要有足夠的教學設施與制度來配合，譬如另類的學習空間、彈性課表，老師引發學生學習動機及培養學生自我規劃發展的能力。

㈡安排溫馨、民主的學習情境

　　溫馨的情境，可以讓學生的學習產生安全感，是蘊育學生創造思考的土壤；而民主的氣氛則可以萌發學生自由的意識，滋長理性對話與批判思考的能力。因此學習場所的感覺是溫馨的，氣氛是民主的。

㈢提供學習的鷹架，培養學生主動建構知識的能力

　　主動學習不是放任學習，而是提供多元的選擇、佈置豐富的情境，協助兒童自我計畫、自我執行、自我反省、進一步自我建構知識概念。

　　主動學習是提供學生一個海闊天空的思維空間，讓蟄伏的心靈得以解放，暫時拋開成人的法規與禁制，讓兒童從協商之中重新建構生活的規律與規則。教師是一個協助者、情境佈置者、傾聽者與困難的協助者，讓兒童成為真正學習的主角，主導學習的方式與進程，成為真正的學習主體，並能透過反省的機制不斷修正自己的行為，成為一個主動積極、適性發展的學習者。

二、結語

　　建構主義所揭示的不但是兒童主動建構知識的觀點，也指出教師如何建構美好的教學情境，協助學生主動建構知識的重要性。在教學的現場，筆者發現，縱然是民主互動的教室，老師還是教學情境的掌握者，老師經常透過有意圖的暗示或介入，來引導學生學習。

　　因此，筆者認為，建構主義的教學要轉化為實際的教學情

境，必須要先培養教師課程設計的能力、創塑有趣的教學情境，才能引發兒童主動建構知識概念的能力，落實「兒童主動建構知識」的目標。

貳、從社會學的觀點來看主動學習

學習是情境依賴的，主動學習的本質也是社會互動的、情境依賴的，而非孤立的、孤單的學習。但同時主動學習也強調學生是學習的主體，因此學習的目的不但要促進社會發展，更重要的我們要營造一個自由自在的情境，讓孩子活出自己，並培養主動學習的能力與習慣。為了達到這個目的，我們必須放棄機械化的訓練、刻板的、無意義的道德規範和所有的教條。讓每個孩子在這個學習社區當中都擁有同等的權力（Neill，1971）。

所以，主動學習的社會學基礎，不是強調社會結構安定的功能學派；而是以人為本，強調有意義的互動、交互主觀性的詮釋社會學；以及強調平權觀念、心靈解放的批判理論。

一、傳統結構功能學派的迷航

教育社會學的理論約略可以分為三大取向：功能學派社會學（functionalism sociology）、解釋社會學（interpretative sociology）、以及批判社會學（critical sociology），這三個社會學的派典，都曾經對於教育領域產生深遠的影響。尤其是植基於實證主義的社會功能論的學者，曾經影響教育社會學的觀念達將近半

個世紀之久。但由於這個學派的學者過於強調一致性的「文化型態」及「國家知識型態」，而忽略了學習者的「主體性」及「衝突」對社會變遷的貢獻，因而遭致許多的批判。

對於結構功能論者批判很多，總歸起來有三大方面的論述：

㈠新馬克斯學派的教育再製論

新馬克斯學派的學者批評學校受到結構功能論的影響，學校成為社會階層再製的元兇。他們認為教育制度是現代社會階級結構再製中的一項不可或缺的因素，它以兩種主要的方式來做這件事：首先，它藉著培養「有能力的人應該擔任管理階層，並獲得比較優渥的待遇；程度較差的學生則適合擔任勞工，並學會服從。」此種信仰，來將階級結構與不公平合法化；其次，它藉著創造那些適合資本主義經濟的能力、資格、觀念與信仰，來教導年輕人使他們準備進入他們在階級支配的、異化的工作世界中的職位。

換句話說，教育的功能是再製，而再製的第一種方法是「合法化」。收入、財富與地位的不平等，被「社會上最重要的職位必須由最有才能的人來擔任」這種事實所合法化。

第二種方法是社會化，學校獎勵溫順、被動與服務，都符合企業界對勞動階層的期待。

㈡ Philip W. Jackson（1968）的研究

以往我們對教室所發生的事情的瞭解，都是透過問卷調查的方式，去瞭解教室之中的師生關係，一直到 Jackson 出版他的研

究報告「教室的生活」（Life in Classroom）之後，才發現學校利用許多統一的、標準化的活動來維持群集的秩序，應用評鑑控制學生的行爲，教師是權威的象徵，學生從上學的第一天就要開始學習權威服從。

學校不是發展學生獨立自主個性的場所，而是訓練學生聽話與服從的地方。

㈢來自研究方法論的批判

結構功能主義的學者承續實證主義的研究方法，他們認爲，現實是客觀存在的，研究者可以透過實驗、操弄等步驟去獲得真實（true）。而研究者的價值、偏見都可以預防，不會影響研究的結果（Guba & Lincoln，1994）。然而實證性的研究方法卻無法解釋下面幾個現象：

1. 教師如何將教室建構成爲具有社會性和文化性的學習環境？
2. 在特定的學習環境中，教師教學的本質（nature of teaching）是什麼？
3. 經由教師和學生們之間的互動，他們怎樣意義化教育過程中的每一個重要因素？

這些問題顯然不是結構功能主義學者所能回答，而是要轉變社會學的派典，從詮釋社會學當中去尋找答案。

二、從詮釋社會學來看「主動學習」的樣態及其重要性

(一)詮釋社會學派典的興起

詮釋社會學淵源於一百多年前的德國學者，爲區別「自然科學（naturwissenschaft）」和「人類科學（human science）」而起。他們認爲人類和其它動物之間，在根本上有很大的不同，那就是，只有人類能夠根據觀察，將觀察的結果意義化，也有能力分享其所意義化的結果（share meaning）。簡言之，人能詮釋其所觀察的事物。所謂意義化（make meaning）就是「make sense」，也就是「詮釋（interpretation）」。（James J. Gallagher，1991；引自李田英等譯，民82）

詮釋社會學補充結構功能主義者的許多空白，他們從微觀的角度去關心日常生活中的事件、教室當中的師生互動，以及在學習歷程之中學習者對意義的建構。他對教與學的看法突顯師生之間的交互主體性（intersubjectivity），讓我們對於教與學的現象，越來越趨近於「真實」。

(二)符號互動論的主張

談到詮釋社會學就不能不談到符號互動論的主張，由於符號互動論的學者對於微觀世界的觀察與研究，讓我們對於師生之間的互動有更細膩的理解，也讓教育從業人員能夠以「同理心」的態度去瞭解學生的學習狀態。

符號互動論者 George Herbert Mead 大師，他非常重視社會的情境，以及在社會情境當中，人與人互動所建構的意義。他並

不將人類的心靈視爲一事物或實體；反之，他將其看做爲一社會過程。雖然相同的象徵卻具有多重的意義，意義的建構完全端視情境或脈絡而定，例如眨眼睛這件事，不同的場合面對不同的人，眨眼睛會傳達不同的意義。

符號的互動過程，只有當我們能夠將自己的心靈置於他人的位置，而詮釋其思想與行動時，行爲舉止始有意義。總歸符號互動理論學者（Rose,1962；Blumer,1969a；Mains and Meltzer，1978；引自馬康莊、陳信木譯，民 84）的學說，包括下列各項原則：

*1.*人類不像是低等動物要被動地接受反應，人類有主動思考的能力。

*2.*思想的能力係由社會互動所塑造形成。

*3.*在社會互動中，人們習得了意義與象徵符號，而得以允許其運用人類獨特的思想能力。

*4.*意義與象徵符號允許人們得以經營獨特的人類行動與互動。

*5.*在行動與互動中，人們能夠依據其對情境的詮釋爲基礎，而修正或改變意義與象徵符號。

*6.*人們之所以能夠進行上述的修正或更改，部份係因其具有與自我互動的能力，而得以允許他們檢驗可能的行動過程、評估其相對利弊得失，然後加以選擇。

*7.*交織的行動與互動模式，構成了團體與社會。

*8.*社會化是一動態過程，它允許人們得以發展思考的能力；社會化不僅只是行動者接受資訊的單向過程，而是一個行動者將

資訊塑造和調適其自身需求的動態過程。

　　9.象徵符號之所以極其重要，乃因它讓人們得以獨特的人類方式而行動。由於象徵符號之故，人類「不再被動地回應那強加諸其上的實體世界，反而可以主動地創造和再創造行動所在的世界。」

　　綜上所述，符號互動論對於教育至少有七點啓示：

　　第一，象徵符號允許人們經由命名、分類、和記憶他們所遭遇的客體，而處理物質的和社會的世界。在此方式裡，人們得以賦予世界秩序，否則世界將是混沌一片。

　　第二，象徵符號改善了人們對環境的認知能力，不再是蜂擁而來一大堆混沌不可分的刺激，行動者如今可以特別警覺到環境中的若干部份，其它部份則可以稍不加注意。

　　第三，象徵符號增加了人們的思考能力。一組圖畫符號可能只是允許人們有限的思考能力，語言則大大地擴展此一能力。

　　第四，象徵符號大大地增加解決種種問題的能力。低等動物必須依恃嘗試錯誤，但是，人類卻可以在實際採取行動之前藉由象徵而思考各種替代選擇，此一方式可以減少耗費代價的錯誤機會。

　　第五，象徵符號的使用，可以允許行動者超越時間、空間、甚至其本身。藉由使用象徵，行動者可以想像過去人們生活的可能狀況，也可以想像未來的世界。

　　第六，象徵符號允許我們想像形而上的實在界，諸如天堂與地獄。

　　第七，象徵符號的使用可讓人主動地詮釋環境的意義，而非

被環境所奴役。

由於象徵符號互動論的主張與實徵研究的發現，更加強了建構主義所主張的，兒童為學習主體，學習者主動建構知識的概念。因此，教師不是一個知識的灌輸者，而是引發學習互動的導引者，詮釋學對於教與學有其特別的主張：

㈢詮釋社會學對「教與學」的主張

1. 詮釋社會學的學者認為「有效教學（effective teaching）」不只在問：「教師為學生做了什麼？」而更注意教師與學生在教室、實驗室、或其它場所，怎樣構成一個密切的互動關係。

2. 事實上，詮釋社會學的研究者還不只關心一個特定教室內複雜而機動的互動關係，還關心來自教室外，更廣大的社會組織、社會文化及價值體系對教室的影響。所以詮釋研究者所要瞭解的並不是「抽象的化約論世界（abstract reductionist world）」，而是一個現實的活生生的，師生所面對的真實世界（real world）。

3. 強調社會情境對學習的重要性

學習社會學者 A. Pollard 提倡「學習的社會學」（a sociology of learning），將學習者視為「社會人」而不是個別學習者，而是在特定的社會文化環境中，與他人互動中建構與獲得知識。簡言之，其論點如下（方德隆，民 84）：

⑴學生的學習方式受家庭及學校雙重的影響，學校的學習最好能切合學生的生活經驗及文化背景。

⑵提供學習者舒適的環境與和諧的氣氛，使學習者有安全感，且敢於嘗試冒險。

⑶無論學生的能力程度如何，學習過程中的社會情境相當重要，對於他們的學習有重大影響。

⑷社會階級的因素與學習環境的品質無必然的關係。

由上可知，主動學習本身並不是「獨立學習」或「孤立學習」，而是透過教育從業人員，有意圖地安排美好的學習環境，配合學生的生活經驗開發學生的潛能，讓學生能夠在有趣的學習環境當中探索知識的意義，不斷地向自我學習的潛能挑戰，並培養解決問題的信心及能力，進而達到主動學習的目標。

㈣詮釋社會學對主動學習的啓示

1.學生是學習的主體，教學是老師透過有效的引導，協助學生對其學習內容產生「意義化」的過程。教與學的過程中，師生之間必須對課程與教材的意義，透過不斷的對話與溝通，讓學生能對其學習的主題產生瞭解，進而主動建構其知識概念。

2.學習是意義不斷創塑的歷程：學習不是將老師既有的知識概念複製到學習者的心靈，而是透過教學活動，讓新的想法不斷地衝擊學習者舊有的認知結構，引發學習者主動地創塑學習的意義，並組織學習的成果。

3.知識概念的建構是師生交互辯證的結果：學生要成爲學習的主體，首先師生必須要站在平等的地位，表達內心真實的想法及不同的意見，透過師生之間以及同儕之間不斷地交互辯證，澄清概念的意義，並建立對知識概念的共識。

4.教學的過程中，教師要成為一位學習的觀察者，以及學習結果的詮釋者。因此，教師不但是一個學科課程的專家，也必須瞭解兒童認知心靈的專家。唯有兩者兼備的狀態下，老師才能站在兒童的立場，去詮釋兒童學習的意義。

5.教師是學習歷程的記錄與分析者：學習既然是意義創塑的歷程，學習就不是教學方法的輸入與學習結果的產出，學習是連續不斷的歷程。因此教師必須透過檔案評量等方式記錄學生學習的歷程，並分析他學習的意義，作為學習進步發展的依據。

要達到詮釋社會學的理想，除了教師本身和學生之間的良好互動之外，學校的組織文化及外在的政治環境等相關的條件都要配合。也就是說一個學校除了要有好的正式課程之外，還要有好的潛在課程，兩者相互搭配，教育的理想才有機會在校園實現。在潛在課程的研究方面，批判社會學有很深入的探討。

三、批判社會學的世界

談到批判社會學，就不能不談到法蘭克福學派。法蘭克福學派的四位大將 Max Horkheimer、Theodor W. Adorno、Herbert Marcuse 以及 Jurgen Habermas，他們雖然深受 Hegel、Marx 的影響，但是他們的批判理論對於 Hegel 和 Marx 也有所質疑或批判。

㈠蘊育法蘭克福學派的搖籃

影響法蘭克福學派最大的可能是 Karl Marx 的學說理論。他們對於 Marx 的社會批判理論加以發揚、提出質疑與修正、增加

或補充。他們的理論可以視為法蘭克福學派與 Marx 的對話（Rex Gibson，1986；吳根明譯，民 77）。

第二個是 Hegel 的辯證思想。Hegel 認為「思想」對於「現實」應該具有批判性（黃瑞祺，民 74）：「思想的本質是對我們當前之事態的否定」。這種否定的思考方式（negative thinking）是 Hegel 辯證思考的一個特色。因為他認為事物的本質或實相並不存在於現實之中，而是存在於現實的否定，只有經過不斷地否定現實，顯露其潛在的可能性，繼而實現之，我們才能掌握事物的本質或真相。

從這裡可以看出來，現實事物充滿矛盾、否定、與批判的觀念。現實事物充滿矛盾，乃是因為「事物尚未真正成為自己」，所以是處於異化（alienation）。我們揭露這種狀態，就是對事物現狀的批判，促使事務實現其自己。

(二)對實證主義的批判

實證主義主張單一的科學方法可以適用至所有的研究領域：以物理科學作為所有學科的確定性和正確性的標準。實證主義者也堅信，知識是先天上中立的；也就是說，意指他們認為自己能夠將人性價值置於研究之外。

Horkheimer 對於實證論作為一門知識理論或科學哲學，特別是它與社會科學的關係，提出了三方面的批評（Buttomore，1984；廖仁義譯，民 77）：

1.它把具有活動能力的人類，僅僅視為機械決定論的程式中的事實與對象。

2.它只從呈現在直接經驗中的層面來理解世界,而未區分本質與現象。

3.它在價值與事實之間設立了絕對的分際。

批判學派反對實證主義(Sewart,1978;引自馬康莊 & 陳信木,民 84),因為實證主義傾向於將社會世界物化,且將它視為自然的過程。簡言之,實證主義者忘卻了行動者,而且將其化約為被動的實體。批判學派的學者相信行動者具有自主的意識,並賦予行動意義與價值。人不可能像其它自然界的事象,等待別人去操弄。

(三)對現代社會的批判

早期的 Marx 理論大都針對經濟問題提出意見,批判學派則將其興趣從經濟轉移到文化層次。他們認為,現代世界中的支配與宰制場所與軌跡,已從經濟轉移至文化之上。

他們極力地批判工具理性,認為現代社會中的科技將導致極權主義──一個極有名的例子,就是電視媒體的節目麻醉人們的心靈,靖綏人們的情緒。因此,Marcuse 拒絕接受現代世界的科技是中立的,相反地,他認為這是支配宰制人類的手段。它壓抑了個體性──行動者內在的自由已為現代科技所侵略和剝奪了。

其結果成為 Marcuse 所謂「單向度的社會」(onedimensional society),個體喪失了對社會批判性和否定性的思考能力。

我們的教育要培養學生的批判思考能力,而不是一味地追求高分或老師的獎賞。校園之中,要培養學生對於傳播文化理性批

判的能力，而非淪爲科技文化宰制的工具（Ritzer，1992；引自馬康莊&陳信木譯，民 84）。

四批判理論對教育的貢獻

1. 主體性

主動學習最大的目的，就是在於將學生的角色，從受教的客體轉變爲學習的主體。如果要讓學生的角色從受教的客體解放出來，成爲學習的主人，教師必須要清楚地區分文化當中的意識型態，並做自我的反省與批判，賦予學生課程決定的權力。培養其自我負責、自我批判、自我決定的能力。

2. 辯證法

辯證法起源於 Hegel 的辯證思想，Hegel 認爲「思想」對於「現實」應該具有批判性：「思想本質上是對我們當前事態的否定」，他認爲事物的本質或實相並不存在於現實之中，而是存在於現實之否定，或更確切地說，存在於現實之不斷否定的過程中。只有經由不斷地否定現實，顯露其潛在的可能性，進而實現之，我們才能掌握事務的本質或實相（黃瑞祺，民 74）。

辯證法是教室當中的師生互動或同儕互動最重要的方法，在學習的過程中，我們的學生經常等待標準答案，標準答案一出來，學習的活動就結束了。其實任何的答案，沒有經過辯證的過程，答案本身都還隱含著許多模糊地帶，唯有經過不斷地檢驗澄清，真理才會有共識。例如，在數學教室當中（鄔瑞香，民 83）：

師：哪裡有面？

昆：噴水池的面是不是指池水？

琪：不是，是指水面。

昆：把水抽乾也叫面嗎？

生：（大家都在笑）

琪：我們沒有把水抽乾。

師：水有沒有面？

生：有（大聲說）

⋯⋯⋯⋯⋯⋯⋯⋯⋯⋯⋯⋯⋯⋯⋯⋯

　　像這樣師生不斷地交互辯證，最後學生會比較容易建構其「面」的概念，也比較容易應用大家所共構的概念，作為溝通的語言。所以，培養學生自勵學習的能力，教師要經常問學生「你怎麼知道的？」「我的想法和你的有點不同。」「還有沒有其它的想法？」也要鼓勵學生做同儕的交互辯證，讓不同的想法，在教室當中激盪智慧的火花。

㈤批判社會學對主動學習的啓示

　　批判社會學的理論影響是多方面的，舉凡政治、經濟、社會、教育等多方面。尤其在政治解嚴之後，教育問題的研究更是深受其影響。從批判理論來看教育，筆者覺得教育工作要有幾方面的覺省：

　　1.重視學生學習的主體性：培養學生獨立批判、自我規劃的學習能力，讓學生真正成爲教室當中的主角。

2.教師本身也要養成自我反省與批判的習慣，省察自身所秉持的意識型態，是否對學生的教學產生偏見。

3.提供自由、民主的學習環境，讓學生在心理安全的環境下，養成批判、思考的能力。

4.多元化的教育觀：提供多元的課程，讓每一個學生在課程之中都能找到自我認同的對象，發展自我的潛能。

5.培養獨立思考的能力：從開放式評量的多元命題，培養學生獨立思考的能力。

參、從心理學的觀點來看主動學習

> 我一直都主張人類具有一種根本的驅動力：想要有效、有能力，以及獨立自主地去瞭解外在世界，並採取行動，使用技能予以回應。
>
> ——Donaldson M.

心理學是和兒童的學習關係最密切的學科，心理學的許多研究成果，經常是教師教學，以及學生學習的主要依據。最近幾年愈來愈多的心理學研究發現，學生具有主動學習的能力，老師主要的工作，不是將現成的知識傳達給學生，而是協助學生提昇學習的策略，讓學生成為一個樂於學習、勇於突破，並能隨著時空環境調整學習策略的人。以下，筆者就從心理學的研究發現，來看「主動學習」的教與學：

一、認知心理學的發現

在認知心理學誕生之前，兒童經常被認為是缺乏學習能力，或能力不足的。一直到 Piaget 先生對兒童進行系列性的觀察記錄，才發現兒童自從出生開始就有主動探索外在世界的動機和能力，只是兒童是以他們的方式瞭解世界。例如在嬰兒時期，嬰兒的實用智慧中已有清楚的肇端，此項智慧經由嬰兒的感覺和動作做系統性的調節，嬰兒並用此系統逐漸以具有目的性的方式對環境提出挑戰，也從環境中學習。透過對環境的適應，嬰兒創造了他自己的世界：對一個正在吸吮的嬰兒而言，他正在建構一個可由吸吮的東西所組成的世界（Donaldson，引自楊俐容譯，民78）。

Piaget 的研究開啟了認知心理學研究的大門，接下來的研究如雨後春筍般蓬勃發展，這些研究，有助於教師對學習者的瞭解。其主要主張如下：

㈠人類具有主動學習的動機與能力：

以往行為主義學派的一些學者，認為學習者從事學習的活動是為了得到報酬。現在我們很清楚地知道事實並非如此。學生會學做一些沒有報酬但會導向成功的行為，誠如筆者在第一節所引述的觀點：「有趣的思考勝過千言萬語的讚美」。在許多的學習個案當中，筆者也發現，學習成就高的學生，並不是預期會得到好的獎賞，而是將學習當成一趟有趣的發現之旅，不斷地發現學習的樂趣。

(二)學習者具有後設認知（metacognition）的能力：

後設認知的能力是指學習者對自我認知的瞭解與監控。Flavell（1979）認為後設認知係由四個主要事件交互作用所形成（鄭昭明，民83）。這四種能力包括：

1. 自我知識的後設認知

自我知識的後設認知因其對象的不同而有人、作業與策略等三類。

(1)對人的認知

對人的瞭解又可分為對個體內的瞭解，例如我的國語比數學好；第二類是對個體間的差異的瞭解，例如張三的體育比我強；第三類是對人類的認知普遍性的瞭解，例如，我相信數學的學習是需要理解而非記憶。

(2)對作業的認知

對作業的認知是瞭解一種作業的困難度或熟悉度，也包括瞭解兩種作業的難度，例如，我覺得數學的作業比國語困難。

(3)對策略的認知

對策略的認知在實際的學習當中應用很廣，例如，學生解決數學題需要解題策略、考試需要應考策略、比賽需要應用競賽策略等等。

2. 自我經驗的後設認知（metacognitive experience）

自我經驗的後設認知是指對自己的經驗有所認知。Flavell（1979）認為這種覺知在下列四種情境之下特別容易產生：

(1)需要細心、高度意識的思考情境。

(2)必須在事先規畫、在事後評鑑的作業情境。

(3)具有風險性的決策情境。

(4)需要高度理性的反思思考情境。

3. 目標或作業（goals or tasks）

學習者自己想達到的工作目標或作業目的。

4. 行動或策略

學習者用來達到目標的策略或方法。

從後設認知的研究成果來看，學習者對自我認知的瞭解與監控，是學習者調整解題策略與反省工作方向的主要機制，也是學生「主動學習」的主要能力。因此，如何透過適當的學習情境，引發學習者對於自我學習行為的瞭解與監控，就成為教育工作者最重要的關鍵能力。提昇學習者的後設認知能力就是提昇學習者主動學習的能力。老師應該有異於以往，而對學生的教與學有些轉變：

1. 提供反省的機會讓學生反芻本身的學習策略

學習的策略有時候是自然發生的，學習者並沒有知覺。所以老師要經常問學生說：「你是怎麼知道的？」「你是怎麼想的？」「你能不能換一種方式想想看？」透過這些不斷的反思問句，提醒學生回想他們的反省策略。

2. 提供擴散性的問題，培養學生創造思考的能力

聚斂性的問題，學生容易找尋標準答案；擴散性的問題學生則必須重新尋找解決問題的策略。

3. 以歷程性的評量取代總結性的評量

歷程性的評量，可以讓學生的學習獲得立即性的回饋，並調整學生的學習方法，總結性的評量則著重在學習結果的檢定。

㈢訊息處理論的研究與發現

　　訊息處理論的學者是繼 Piaget 之後，結合數位電腦的認知模式，來解讀學習者的認知歷程。在這樣的觀點下，學生的學習歷程是一個訊息處理的歷程。有輸入、貯存緩衝器、短期記憶、長期記憶、內部處理以及輸出的機能。

　　訊息處理論，雖然對於外在的資訊如何輸入個人的記憶之中，沒有考慮到學習者的主動性。但是它對於訊息處理的一些想法，卻對學生知識的組織與編碼，具有啟發性的功能。

1. 訊息處理與編碼

　　外在的訊息如果沒有經過學習者的組織與編碼，知識將是零散而不利於記憶的，只能短暫保留在短期記憶當中。因此，學習者一定要學會知識貯存的方式，並轉換成學習者可以貯存的符碼，和舊有的知識聯結，形成一個隨時可以抽取的認知結構，並轉化成解決問題的認知機制。如圖 14-1 所示，訊息處理是一套繁複的過程，不但外在的訊息要真正能夠刺激訊息接收者，引發接受者的注意與辨識，還要形成新的知識系統以及認知策略系統（如圖 14-1）。

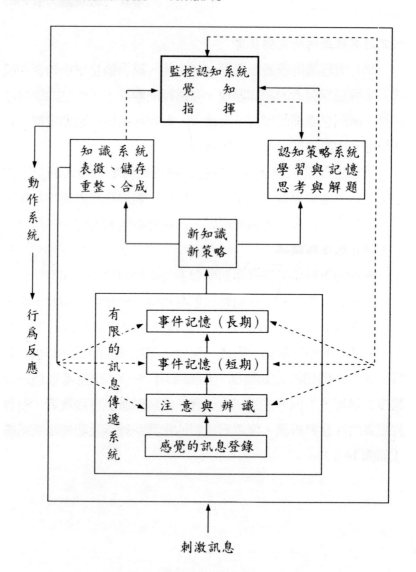

圖 14-1　學習者的訊息處理系統

（鄭昭明，民 83）

2.增加訊息接收者的速度與準確度

　　從訊息處理論的觀點來看，訊息接受的速度與準確度決定學習者的學習成效。因此，如何引發學生對有用資訊的瞭解與注意，就成為教學的重要工作。從學習者的角度來看，以下幾種能力的培養，是相當重要的工作：

　　(1)傾聽的能力：

　　聽覺是學習者接受訊息的主要器官，傾聽的習慣可以接受清楚而完整的訊息，傾聽更是對訊息傳遞者的一種尊重，也是瞭解知識內涵的必備能力，因此，每位學習者應該培養他們良好的傾聽能力。

　　(2)閱讀能力：

　　閱讀能力不同於傾聽能力，閱讀的對象是文字。文字可以不受時間的限制，可以讓學生反複地咀嚼，體會文字與語言的關係、文字與文字的關係，概念的建構經常必須靠文字的敘述與傳達。因此，良好的閱讀能力是主動學習的基礎。老師除了指導學生閱讀的策略，還要經常安排有趣的情境，培養學生流暢的閱讀能力及表達能力。

　　(3)提供有趣的學習情境：

　　有趣的學習情境是培養學生注意力的有效鷹架。有趣的學習情境經常包括遊戲的活動及新奇、不確定的答案。

3.增加學習者運用資訊與組織資訊的能力

　　吸收訊息的最終目的在於讓學習者重新組織資訊，並應用這些資訊來解決生活上、學習中所面臨的問題。雜亂的資訊經過重新的組織之後，比較容易結構化，也比較容易同化或順應新的資

訊，形成新的結構。

肆、Vygotsky 研究的發現

Vygotsky 和 Piaget 都相信兒童具有獨立建構知識的能力，但是 Vygotsky 比 Piaget 更重視成人與大孩子對兒童的幫助。他提出的最佳發展區（Zone of proximal development）、鷹架理論、語言在教育上的仲介功能等等理論，對兒童心靈的發展有很大的啓發與幫助。

一、最佳發展區理論對教育的啓示

Vygotsky（1978,p84）宣稱：「在比較有能力的孩子或成人的協助下，兒童的能力可以獲得較好的發展」接著他又在後面說明：「所謂最佳發展區的界定是在那些尙未成熟，但已在成熟的進程中（in the process of maturation）的功能，明天會成熟，但目前仍在一種萌發狀態（embryonic），這些功能可以稱爲發展的『蕾（buds）』或『花（flowers）』而不是發展的果實（fruits）」老師要提供的是肥沃的土壤，適宜的情境，讓學生萌發滋長。教育環境（context）的變化對發展的過程有著深遠的影響（Tudge，1990，p159），在建構主義的主張下，老師是一個問題情境的創造者，教師佈題的情境必須能引發學生解題的動機，引發同儕之間的互動，發展學生解題的潛能，並提昇學生的數學概念層次。在其中，語言扮演著決定性的角色（Durkin，1991， p4）。

在說明最佳發展區和語言關係的時候，Vygotsky 曾經批評 Köhler 的實驗：「靈長類動物（primates）雖然可以模仿人類的動作，但是牠不瞭解人類生活世界的意義，以靈長類動物的實驗來解釋人類的行為並不適合；人類能夠學習的先決條件是兒童成長的社會化歷程中充滿知性的生活（intellectual life），所以兒童能夠模仿不同的動作，在團體活動或成人的協助下，甚至於可以超越自身能力的限制。」猩猩可以在某種條件的限制下模仿人類的行為，但是牠不可能被教導，因為牠不懂人類生活語言的意義，兒童則不同，他們可以透過語言的溝通，瞭解成人世界或同儕團體所傳達的訊息。

現在筆者以數學科的「比較面積的大小」為例，來說明最佳發展區的概念如何運用在教學當中。老師要進行「比較面積大小」這個活動之前，先要確定學生的「前置經驗」，前置經驗包括學科知識概念，例如「面」的概念、面積的保留概念，和學習活動的經驗，學習活動經驗係指學生建構「前置經驗」的歷程。老師要檢驗學生的前置經驗，可以安排以下的討論活動（鄔瑞香，民83）：

㈠那裡有面？

㈡你為什麼稱它為面？

㈢如何知道一個面的大小？

㈣不同形狀的面可能一樣嗎？

問題一「那裡有面？」，是要檢驗學生的前置概念是否和生活經驗結合。

問題二「你爲什麼稱它爲面？」則是進一步要檢驗學生的想法，澄清「面」的概念。

問題三「如何知道一個面的大小？」則是引發學生面的量感，也就是面積概念。

問題四「不同形狀的面可能一樣嗎？」是在檢驗學生的保留概念，檢驗學生是否瞭解同樣面積，可以以不同的形狀出現。

「前置經驗」檢驗完成之後，老師還要安排銜接「主要概念」的「仲介活動」，仲介活動必須和學生的生活經驗相結合，也要爲「主要概念」的活動做準備。例如這個單元當中，鄔老師安排「問題五」作爲這個單元的仲介活動：

問題五：請利用 ◺ 設計一個面，猜猜看，這個面有多大？

有了「前置經驗活動」和「仲介活動」作爲學習的鷹架，那麼「主要概念」活動的進行就比較容易進行。接下來「主要概念」的教學活動，筆者稱之爲「發展性活動」。名之爲「發展性活動」，是因爲這類活動經常會引發學生發現「主要概念」之外的引伸概念。發展性的活動當然要跟學生的前置經驗結合，請看下列的引導問題：

問題六：「比比看，這三間教室的面一樣大嗎？」

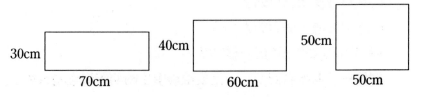

甲認爲一樣大，理由是周圍一樣長，都是 200 公分。

乙認為不一樣大，理由是面的形狀不一樣。

如何確知到底有沒有一樣大，你發現了什麼？

問題七（家庭作業）：「用尺實際畫出二個圖形（如圖）再剪出一個邊長1cm的正方形紙片，量出甲圖和乙圖的面是多少？你發現了什麼？」

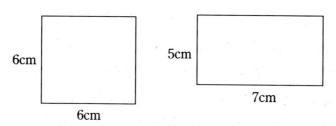

問題八：「再拿出一元硬幣，排排看，上面二個圖形各可以排幾個？」（家庭作業）

問題九：操場上籃球場的面有多大？

問題十：（略）…………………………………。

問題十一：三條繩子各長1公尺20公分，甲、乙、丙三人分別圍出三塊窗戶，請問三塊窗戶的面積有沒有一樣多？你發現了什麼？

⋯⋯⋯⋯⋯⋯⋯⋯⋯⋯⋯⋯⋯⋯⋯⋯⋯⋯⋯⋯

問題十七：「操場的面積怎麼求？請圖解說明，並說明用什麼單位比較好？」

在問題十一之前，鄔老師使用的都是「面」的概念，問題十一之後，她開始使用「面積」的概念，兩者之間概念轉換的鷹架是在「問題七」與「問題八」，這兩個問題鄔老師開始讓學生嘗試應用「單位量」和「面」的大小做比較，讓「面」的感覺數量

化：「這個面有 50 個硬幣那麼大」；也讓面的感覺標準化：
「這個面有 50 平方公分」，學生建構了面的大小是「平方單位
的累積」的概念之後，「面積」概念的雛形就出現了，面的大小
就變成「面積：平方單位的累積」的概念。面積的概念也抽離了
感覺的層次，成為可以用數字來表示大小的概念了。

從「問題一」到「問題十七」，我們發現鄔老師用了很多問
題來檢驗學生的「前置經驗」，這些問題的解題經驗也成為建構
「發展概念」的鷹架。在學生的「前置經驗」到「發展概念」之
間的區域，亦即學生的最佳發展區。最佳發展區並不是固定不變
的區域，而是隨著師生互動的結果，不斷地修正調整，也不斷地
往上發展。

最佳發展區的概念對於學習有非常關鍵性的影響，如果老師
無法掌握學生的最佳發展區，就無法設計適當的問題或教學情境
來協助學生成長。除了問題和學習情境之外，學生的學習還要老
師或同學適當的協助，老師或同學幫助學生學習，Vygotsky 稱之
為學習的鷹架（scaffolding）。

二、鷹架理論

鷹架是一種隱喻，用以描述教師的理想角色，也就是教師與
學生互動時提供支持的歷程。在最佳發展區中，個人很難獨自完
成作業，需要有經驗者提供必要的協助支持，直到學習者能獨立
完成此項工作（如圖 14-2）。所謂鷹架教學（scaffolding instruc-
tion）是指在學習的過程中，最初由專家提供訊息給生手（例
如，父母-孩子），當生手的能力增加時，專家的支持就逐漸地

減少（就如同建築物能逐漸支撐它自己的重量，鷹架就逐漸地移開），只要學生具備了學習的能力，就逐漸脫離鷹架的支持和他人的支持，以建立內在的自我獨立能力及自我學習。依鷹架教學的概念，教學是支持學生走過最佳發展區的歷程，也就是由社會支持到自我支持的歷程。由此可知，教學的終極目的在於協助個體獨立學習（林文生＆彭美玲，民82）。

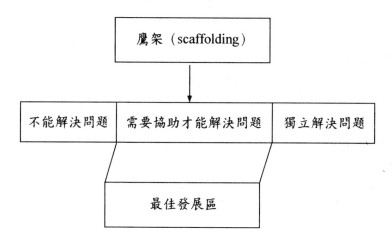

圖 14-2　Vygotsky 的最佳發展區與鷹架理論

三、語言的研究對主動學習的啟示

有一所學校的一年級老師要做蟯蟲檢查，發給學生每人一張試紙，請他帶回去，等到隔天早上的時候，在「肛門」的地方擦一下，再帶來學校。到了隔天早上，有一個學生跑來報告老師說我們家只有「木門」沒有「鋼門」。語言的溝通經常會因為當事

人不同的詮釋而產生了不同的意義，像這樣語言詮釋落差的案例每天都在發生。

語言既然是協助兒童心智發展的重要媒介，那麼教師如何協助學生發展語言能力，建構其高層思考能力。Vygotsky 提出四種參考的策略：

(一)語言的發展需要互動的情境

兒童不會將語言的詮釋獨立於情境之外，他的語言是用來解釋情境的。

有經驗的老師應該佈置有趣的情境，引導學生的口語學習，例如安排兒童劇場教學，讓學生透過劇場遊戲去表達自己的感受，並學會以同理心去瞭解別人的感受。或以混齡編組的方式，安排語言發展比較弱的學生和語言發展比較好的學生一起學習。語言發展遲緩的學生會因為語言頻繁的互動，而提昇其語言能力。

(二)遊戲是語言發展的最佳情境

Vygotsky 和 Piaget 一樣都重視遊戲的重要性，在遊戲當中學生可以透過故事、書本、電視、影片或特殊的民俗傳說，在遊戲的過程中，口耳相傳，增進語言的表達能力。他們也可能假扮成人、小孩、教師、老百姓、火車站管理員、醫生、護士、飛行員、警察等等。在遊戲的同時，他們已經跳脫學校情境的限制，而開始和成人文化及同儕文化產生交互影響。

遊戲最大的好處是讓參與遊戲的人暫時忘記了害羞，在渾然

忘我的境界當中交換語言的訊息（E.Goodman & S. Goodman，
1990）。

㈢重視社會文化對語言發展的影響

　　Vygotsky 認為語言的學習是兒童和社會文化互動的結果，因
此，語言的教學應該包括母語的教學，母語是兒童語言發展的源
頭，因此教師在教學的過程中，應該容許學生使用母語表達概
念，溝通想法。

　　另外，老師也應該容許學生使用粗糙的文法、俚語、不完整
的語句，作為學習過渡工具。因為，語言終究的目的還是在於溝
通想法、表達思想，而非背誦完整的語句。

㈣語言的發展是全語言的學習

　　全語言主張語言是整體的、是含容（inclusion）的、是不可
分割的。語言的音、部首字、詞、片語、子句、和句子都只是語
言的片段，而片段的總合永遠不等於整體，語言只有在完整的時
候才是語言。全語的教學理念應該讓語言的學習融入生活之中，
做完整的陳述與學習。

　　根據 Vygotsky 的想法，全語老師的角色也要做一些調整與
轉換，教師應該扮演以下三種角色：

　1. 老師是一個引導者（initiator）：

　　全語的教師是一個引導者，他要在班級當中創造一個真實的
問題情境，刺激學生解決問題。教師同時要有敏銳的觀察力，瞭
解學生語言的最佳發展區。

2. 老師是一位觀察者（watcher）：

全語教師必須要是一個細心的觀察者，看清楚每一個孩子在活動當中所展現的意義。並且瞭解他的最佳發展區在那裡，並適時提供學習的鷹架。

3. 老師是一個學習的仲介者（mediator）：

Vygotsky 對於仲介的想法，並不是將現成的語言傳達給學生，而是提供一個自由的環境，讓學生透過自然的語言互動交換語言訊息，增進語彙能力。

伍、結語

本文分別從哲學、社會學、與心理學三個層面，來分析主動學習的理論基礎。從哲學當中的建構主義看學習，知識是兒童主動建構的結果，因此，兒童是學習的主角，教師只是引渡學生建構知識的一座橋。從社會學當中的符號互動論來看學習，學習者本身才是事件意義的創塑者，師生之間的符號互動，透過彼此意見的交互辯證，教師要不斷察覺學生創塑的意義和教師的意義之間的落差，才不會造成學生認知上的迷失。批判理論則提供主動學習另一層的思考空間，進一步揭露知識當中的權力與價值，他們主張知識必須經過批判的歷程，真理才會浮現。心理學的後設認知則提出，學習者本身對於自身的學習歷程有監控及反省的能力。訊息處理論則提出訊息的處理與短期記憶及長期記憶之間的關係，訊息必須存入長期記憶之中，形成認知的結構，才有助於

學習者解決問題。Vygotsky 的研究成果則提醒每位教師要搭設學習的鷹架，幫助學生學習成長。

如果主動學習是航向知識殿堂的船舶，那麼哲學就是掌舵的羅盤，社會學是鼓動的馬達，心理學是前進的燃料，三者兼備，才能達成引發學生的學習動機，達成學生主動學習、主動建構知識的目的。

❖參考文獻❖

方德隆（民 84）：教育的社會學基礎。發表於王家通主編：教育導論。高雄：復文圖書出版社。

王克難譯（民 86）：夏山學校。譯 Summerhill A. S. Neill 原著。台北：遠流出版社。

王美芬等著（民 84）：國民小學自然科教材教法。台北：心理出版社。

朱則剛（民 85）：建構主義知識論對教學與教學研究的意義。教育研究雙月刊，49，39-45。

吳根明譯（民 77）：批判理論與教育。台北：師大書苑有限公司。

李田英等譯（民 82）：詮釋性研究中方法的抉擇：教師講解的案例。國立臺灣師範大學理學院主辦 1993 年國際詮釋性研究研討會講義。

李錦旭譯（民 82）：教育社會學理論。台北：桂冠圖書公司。

林文生、彭美玲（民 82）：維高斯基理論與思想之研究。未出版。

洪志成（民 80）：建構主義初探：兼論其在教育上的啓示。臺灣省第一屆教育學術論文發表會論文集，*1-14* 頁。

馬康莊 & 陳信木（民 84）：社會學理論。台北：巨流圖書公司。

教育部（民 82）：國民小學課程標準。台捷國際文化實業股份有限公司。

郭重吉（民 85）：建構論：科學哲學的省思。教育研究雙月刊，*49*，16-24。

陳瑛森、伍益譯（民 84）：超越教化的心靈。台北：遠流出版社。

陳淑敏（民 85）：從社會互動看皮亞傑與維高斯基的理論及其對幼教之啓示。論文發表於皮亞傑與維高斯基的對話。台北市立師範學院主辦。

黃瑞祺（民 76）：批判理論與現代社會學。台北：巨流圖書公司。

甯自強（民 82）：『建構式教學法』的教學觀～由根本建構主義的觀點來看～。國教學報，5，33-39。

楊俐容譯（民 78）：皮亞傑。台北：桂冠圖書公司。

鄔瑞香（民 83）：國小四年級學童對面積問題自發性之解題模型研究。教育部 83 年度中小學科學教育計畫專案成果報告。

廖仁義譯（民 77）：法蘭克福學派。台北：桂冠圖書股份有限公司。

劉好 & 許天維（民 84）：數學科課程教材教法基本理念。論文發表於八十三學年度國民小學新課程數學科研討會，台灣省

國民學校教師研習會二月十四日。

鄭昭明（民83）：認知心理學。台北：桂冠出版社。

Donaldson, M. (1978). *Children's Minds.* New York: W. W. Norton & Company.

Durkin, K. (1991). Language in mathematical education : An intro-duction. In K.Durkin & B. Shire (Ed.) . *Language in mathema-tical education: Research and Practice,* pp.1-17. Philadelphia.: Open University Press Milton Keynes.

Flavell J. H. (1979). Metacognitive development. In J. M. Scandura & C. J. Brainerd (Eds.). *Structural Process Theories of Complex Human Behavior.* Alphen a. d. Rijn, The Netherlands: Sijthoff & Noordhoff.

Goodman. Y. M. & Goodman. K. S. (1990). Vygotsky in a whole-lan-guage perspective. In l. C. Moll (Ed.). *Vygotsky and Education (Instructional Implications and Applications of Sociohistorical Psychology),* pp.223-250 . New York: Cambridge University Press.

Guba, E G. & Lincoln, Y. S. (1994). Competing paradigms in quali-tative research . In N. K. Denzin, & Y. S. Lincoln, *Handbook of Qualitative Research,* pp.99-105. Thousand Oaks: SAGE Publi-cation.

Jackson P. W. (1968). *Life in Classroom.* New York: Teachers College Press.

Mary, K. & Douglas, D.A. (1992). Mathematics teaching practices and their effects. In D. A. Grouws (Ed.) , *Handbook of Research on Mathematics Teaching and Learning,* pp.115-126. New York: Macmilian Pub.

Neill, A. S. (1971). *Summerhill.* New York: Hart.

Skemp, R. R. (1987). *The Psychology of Learning Mathematics.* Harmondsworth: Penguin.

Thomas, S.D. (1994). Constructivism and the learning of mathematics. In P. Ernest (ED.), *Constructing mathematical knowledge: Epistemology and Mathematics Education,* pp.33-40. Washington, The Falmer Press. /

Tudge, J. (1990) . Vygotsky, the zone of proximal development, and peer collaboration:implications for classroom practice. In l. C. Moll (Ed.). *Vygotsky and Education (Instructional Implications and Applications of Sociohistorical Psychology),* pp.155-175. New York: Cambridge University Press.

von Glasersfeld, E. (1991). *Radical Constructivism in Mathematics Education.* Netherlands: Kluwer Academic Publishers.

Vygotsky, L.S. (1978). *Mine in society: The Development of Higher Psychological Precess.* Cambridge, MA: Harvard University Press.

Wilson, K. G. & Daviss, B. (1994). *Redesigning Education.*中譯本書名爲「全是贏家的學校」。台北：天下雜誌。

國家圖書館出版品預行編目資料

數學教育的藝術與實務：另類教與學／林文生，
鄔瑞香著. --初版. -- 臺北市：心理, 1999（民 88）
　　面；　　公分. --（數學教育系列；42002）
含參考書目
ISBN 978-957-702-306-3（平裝）

1. 數學—教學法

310.3　　　　　　　　　　　　　88001528

數學教育系列 42002

數學教育的藝術與實務：另類教與學

主　編　者：黃敏晃
作　　　者：林文生、鄔瑞香
總　編　輯：林敬堯
發　行　人：洪有義
出　版　者：心理出版社股份有限公司
地　　　址：台北市大安區和平東路一段 180 號 7 樓
電　　　話：(02) 23671490
傳　　　真：(02) 23671457
郵撥帳號：19293172　心理出版社股份有限公司
網　　　址：http://www.psy.com.tw
電子信箱：psychoco@ms15.hinet.net
駐美代表：Lisa Wu（Tel: 973 546-5845）
印　刷　者：玖進印刷有限公司
初版一刷：1999 年 2 月
初版十一刷：2013 年 2 月
I S B N：978-957-702-306-3
定　　　價：新台幣 300 元